W0471110

VOS MAINS DISENT TOUT DE VOUS

DÉCOUVREZ
VOTRE PERSONNALITÉ INNÉE
GRÂCE À LA MANUTYPOLOGIE®

DES MÊMES AUTEURS

Ce que révèlent vos mains, Editions First, 2015
Tout dans les mains, La Martinière, 2011
Voyage au creux de la main, Robert Laffont, 1986

© *mercileslivres*, Sodi-Art Éditions, 2022.
5, rue Saint-Germain l'Auxerrois 75001 Paris

Toute représentation ou reproduction intégrale ou partielle faite par quelque procédé que ce soit, sans le consentement de l'auteur ou de ses ayants cause, est illicite et constitue une contrefaçon sanctionnée par les articles L. 335-2 et suivants du Code de la propriété intellectuelle.

JEAN DE BONY — STÉPHANIE LECLAIR DE MARCO

VOS MAINS DISENT TOUT DE VOUS

DÉCOUVREZ VOTRE PERSONNALITÉ INNÉE GRÂCE À LA MANUTYPOLOGIE®

mercileslivres

Sommaire

Avant-propos

1984 : date de ma première rencontre avec Jean de Bony

Jean-Marc Blanchot, un copain journaliste, me demande d'interviewer dans *UP Magazine*, revue de luxe destinée aux hôtels quatre étoiles qu'il a créée, un certain Jean de Bony pour une rubrique au nom évocateur et multipliable « Coup de… ». Cette fois-ci, cela sera « Coup de main ». Après lecture du dossier de presse concernant sa pratique intitulée « chirologie », me voici perplexe. Curieuse, je décide cependant de l'accueillir chez moi.

Ma première vision de ce monsieur de Bony aurait plu à un caricaturiste. Au seuil de ma porte d'entrée se profile une étonnante silhouette vêtue d'un trench défraîchi à la Colombo, affublée d'un nœud papillon, un énorme porte-documents et un parapluie au bout du bras. Le personnage me salue avec courtoisie. À peine sommes-nous installés, face à face dans le salon, que je l'aborde à ma manière, souvent considérée comme abrupte :

> « J'ai lu que vous étiez capable de déterminer le tempérament, les aptitudes et les goûts d'une personne simplement en observant les différentes caractéristiques de ses mains. La promesse me rend sceptique ! *A priori*, votre "truc" ne m'intéresse pas. Ce serait bien de réussir à me convaincre grâce à une démonstration. »

Nullement démonté par ce préambule presque assassin, le jeune homme de 25 ans s'exécute. Et là, en une demi-heure chrono, ce chercheur qui me paraissait farfelu me décrypte. Sans aucun jugement, il me fournit avec précision un diagnostic de ma personnalité et me décrit le pourquoi et le comment de son fonctionnement. D'un naturel spontané, je lui exprime sans détour mon avis :

« Votre méthode est géniale. Vous devriez rédiger un livre. Je vous y aide si vous voulez.
— C'est ce que m'a proposé un éditeur lors d'un "dîner en ville". »

Ainsi fonctionne Jean. Nanti d'une galanterie surannée, il envoie des « lettres de château » autrement dit de remerciements, ouvre les portes aux dames, les précède dans les lieux publics, les aide à enfiler et enlever leurs manteaux...

« Quel éditeur ?
— Robert Laffont.
— Et vous ne l'avez pas appelé tout de suite ? Un homme de cette envergure ! C'est une aubaine !
— Non ! Je ne suis pas pressé. »

Tel aussi se révèle-t-il parfois flegmatique au point de manquer de superbes occasions.

« Mais il faut le joindre au plus vite ! »

Notre relation, amicale et professionnelle, démarrée sur des chapeaux de roues, perdure encore à ce jour. Ce drôle de professeur Tournesol contemporain conforte son expertise au fil des années, l'améliorant en permanence.

Par la suite nous remplacerons le terme « chirologie », dans nos deux livres, nos discours et nos séminaires, par celui de Biotypologie®, aussi intrigant mais moins irrationnel. Dorénavant, nous utilisons celui de Manutypologie® à l'évidence plus parlant car il s'agit bien de l'étude des différents types de mains.

Le mois suivant ma rencontre avec Jean de Bony, j'obtiens un rendez-vous pour nous deux avec Robert Laffont, dans son bureau mythique de la place Saint-Sulpice. Après une courte attente dans une vaste entrée agrémentée des meilleures ventes actuelles, sa secrétaire vient nous chercher. Rencontrer ce seigneur de l'édition s'apparente pour moi à une escalade au paradis. La scène se reproduit à l'identique. L'éditeur est aussi « scotché » par la pertinence de l'analyse effectuée par Jean.

Le duo improbable que nous formons emportera ainsi souvent l'adhésion immédiate de la plupart de nos interlocuteurs. D'abord sceptiques puis amusés avant d'être concentrés, ils se redressent sur leurs chaises en se taisant, soudain intéressés. Ils ne manquent alors plus rien des explications et des commentaires du curieux personnage. De son côté, lui semble agir en sens inverse. Attentif et concentré au début, il trouve son rythme de croisière et se détend au fur et à mesure de son avancée en *terra incognita* et qu'il étudie minutieusement empreintes, chaleur, moiteur de la peau.

Robert Laffont nous fait parvenir quelques semaines après notre entretien un contrat que nous signons avec empressement. Me voici face à un problème épineux. Comment rendre crédible cette science humaine d'observation ignorée, qui soulèvera à coup sûr des polémiques, qui plus est adossée à nos noms tout aussi inconnus ? Comment réussir ce tiercé gagnant ? Réponse simple : octroyer un label de qualité à cette expertise *via* des personnes célèbres et intelligentes, dont Jean « empreintera » les mains et qui accepteront de figurer dans notre ouvrage à titre d'exemples convaincants. Ainsi obtiendrons-nous pour notre premier livre sorti en 1986, parmi d'autres, les mains de Charlotte Rampling, Sonia Rykiel, Charles Aznavour.

Nous avons souhaité renouveler ce procédé. Merci à Cathy Collart Geiger, aux frères Stéphane et David Foenkinos, à Sonia Mabrouk et Guy Savoy, à Marie-José Pérec, à Florence Pernel et à Bernard Werber de nous avoir prêté leur concours et leurs mains !

Bonne lecture et découverte !

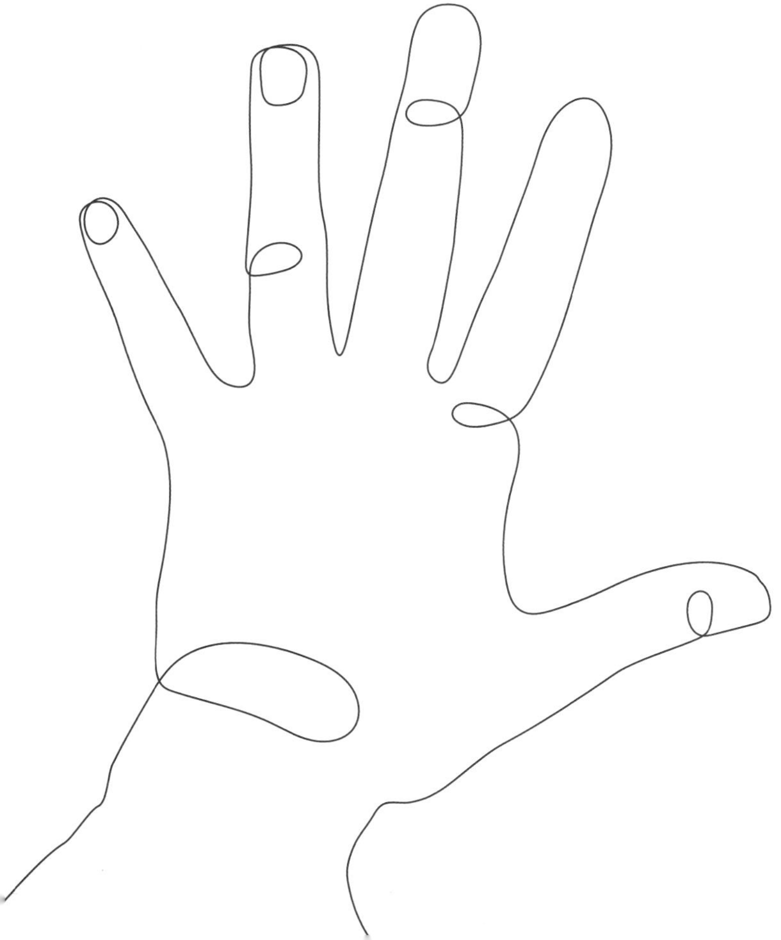

Introduction

La méthode que vous allez découvrir dans ce livre, conçue et améliorée au cours de quatre décennies par Jean de Bony, vous aidera à découvrir une part primordiale de votre personnalité : celle de votre inné, complémentaire, non opposé (important de le souligner) de votre acquis. Ce que vous êtes à la base, fondamentalement, sans les ajouts de l'éducation et de l'environnement, ni les pressions de la société.

Une fois votre tempérament déterminé, vous choisirez d'emprunter une route en accord avec votre moi profond qui vous mènera à une harmonie intérieure aux sons mélodieux. Vous éviterez de ressembler à un portrait idéal, par définition inatteignable. Vous accéderez à la connaissance de votre fonctionnement et surtout à sa compréhension logique.

Vous disposerez alors du mode d'emploi de votre personnalité innée grâce à cette nouvelle clé donnant accès à votre nature. Vous saisirez quelle part en vous est modifiable et quelle part ne l'est pas. Vos efforts cesseront de se montrer vains et deviendront fructueux. Vous ne perdrez plus votre temps à contrecarrer votre tempérament mais, au contraire, optimiserez vos aptitudes innées.

Quand vous aurez perçu qui vous êtes de façon objective grâce à ce mode d'entrée, vous pourrez expliquer par exemple, arguments à l'appui, à votre père notaire, votre décision de ne pas intégrer son étude, mais de devenir journaliste reporter. Vous ne tenez en effet pas en place, arguant de plus que les horaires fixes vous oppressent, comme cette jeune femme venue consulter Jean de Bony entre deux confinements. Quand il lui expliqua pourquoi elle ne saurait suivre les traces de sa famille de notables, un sourire s'épanouit sur son visage. Il monta jusqu'à ses oreilles et je crus qu'elle allait sauter au cou de celui qui venait si bien de la qualifier et de la décrire.

De même, une vendeuse dans une grande enseigne de vêtements ambitionnait de devenir un jour directrice. En examinant ses mains, Jean lui expliqua avec douceur qu'elle ne possédait pas les caractéristiques nécessaires car elle préférait les relations individuelles et donner des conseils plutôt que des ordres. En revanche elle pouvait aspirer à devenir un jour vendeuse dans un magasin haut de gamme. Pourquoi pas Chanel ?

Nous sommes cette fois au début de l'an 2000, je me souviens encore avec précision de cette quadragénaire aux yeux noirs venue consulter Jean de Bony, effrayée, car son mari voulait absolument qu'elle s'associe avec lui dans son cabinet d'assurances. De son côté elle rêvait, leurs enfants désormais adolescents, de donner libre cours à son envie irrépressible de devenir professeure de piano. Un désir corroboré par l'analyse de ses mains, associé à une oreille absolue, don jamais exploité jusqu'alors. Avec son empathie habituelle, Jean n'avait pas hésité, avec l'accord de l'intéressée, à téléphoner au conjoint séance tenante. Il réussit à le convaincre de changer d'avis !

Me revient en mémoire une anecdote située plus loin dans le passé, au début des années quatre-vingt-dix. À l'époque, mon cher associé travaillait comme consultant en ressources humaines chez Leroy Consultants dans un cabinet d'outplacement (aide au reclassement professionnel proposée par une entreprise à un salarié qu'elle licencie) appartenant alors au groupe Bossard. Je patientais depuis longtemps dans la salle d'attente quand surgit d'une porte soudain ouverte avec fracas un homme proche de la soixantaine, au complet et aux cheveux gris, tout joyeux alors que sa situation était sans doute délicate sur le plan professionnel. J'interrogeais aussitôt Jean. Il me répondit avec son flegme coutumier : « Oh, ce monsieur s'ennuyait depuis longtemps à son poste d'ingénieur en agronomie alors que son souhait était de peindre des paysages. Au vu de son potentiel, je lui ai vivement conseillé de s'adonner dorénavant à cette activité. Sans plus ! » Des années plus tard, l'artiste reconnaissant nous convia à un vernissage réussi.

Une compréhension mutuelle pour faciliter vos relations avec les autres

La Manutypologie® permet non seulement de vous sentir bien avec vous-même, mais *de facto* avec les autres. Elle vous aide à détecter ce qui en vous ne changera pas, puis à considérer que cela vaut pour vos proches, dans la sphère privée comme professionnelle. Comprendre votre fonctionnement spécifique vous permet de mieux gérer les problèmes, plus ou moins graves, interpersonnels et facilite vos contacts avec autrui. Vous pouvez alors éviter de multiples (pas tous, car la perfection, chacun le sait, n'est pas de ce monde) déceptions, conflits, heurts, erreurs. Tolérance et tempérance s'installent dans votre existence.

Me revient en mémoire cette mère qui avait envoyé à notre intention chez notre premier éditeur Robert Laffont, une lettre émouvante et triste. Elle y racontait que son fils d'à peine 4 ans adopté dans son foyer après une longue attente la détestait et lui jouait quantité de mauvais tours. À cette époque Jean de Bony vivait à Montréal. Loin de maîtriser comme lui sa pratique mais sachant en manier certains aspects, je me résolus à la recevoir munie de mon maigre savoir.

Alors que je m'attendais à rencontrer une fragile créature, tout en sanglots retenus, se présenta à mon domicile parisien, au jour et à l'heure convenus, une dame dynamique au rire facile qui me plut d'emblée, ainsi que son garçonnet malgré son air buté. Il possédait une bouille de poulbot coquin et un épi attendrissant sur le front. Après lui avoir expliqué avec des mots correspondant à son âge qu'il s'agissait d'un jeu très amusant, j'entrepris de comparer les caractéristiques de ses mains et de celles de sa mère. La résolution du problème m'apparut aussitôt nette et claire. Tous deux possédaient des paumes chaudes et sèches à la peau plutôt épaisse avec des lignes assez nombreuses et profondes. Autrement dit je me trouvais face à deux tempéraments de chef. Je fournis aussitôt la bonne recette à la mère désorientée. « Votre fiston est fait pour commander, il préfère donner des ordres plutôt que d'en recevoir alors c'est tout simple : laissez-le choisir entre plusieurs possibilités qui vous conviennent à chaque fois que vous voudrez le faire obéir. Il aura ainsi l'impression de décider lui ! » Ma visiteuse s'exécuta avec confiance et je reçus une seconde lettre, de remerciements cette fois, quelques semaines plus tard. J'avais fait deux heureux !

PARTIE 1

COMPRENDRE NOTRE PERSONNALITÉ : LES TROIS SOURCES DE NOTRE COMPORTEMENT

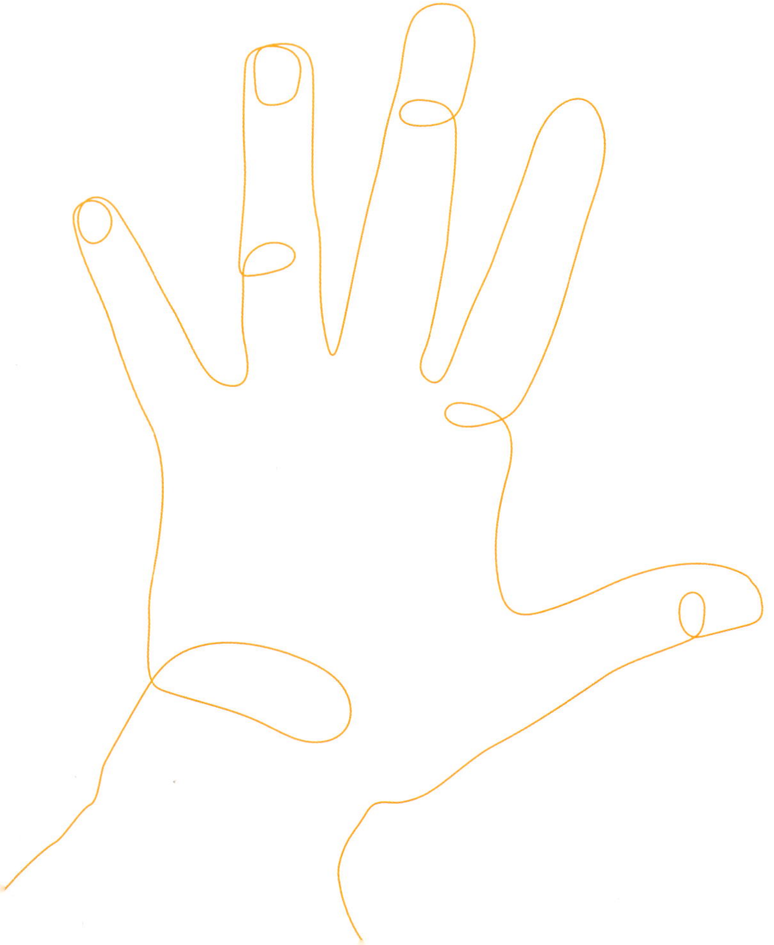

Tempérament, caractère, conscience

Pour mieux comprendre la psychologie humaine il faut en distinguer trois sources :

- Les comportements instinctifs sont d'origine génétique.
  Ils trouvent leur source dans le **TEMPÉRAMENT.**

Le tempérament, inné et génétique est non évolutif. Son importance dans les comportements et les aspirations croît avec l'âge.

- Les comportements habituels sont conditionnés par le vécu, l'éducation ou la volonté. Ils forgent le **CARACTÈRE** et facilitent la vie.

L'évolution du caractère, acquis et non génétique, se mesure à différents stades de la vie par des questionnaires de personnalité spécifiques.

- Les comportements ni instinctifs ni habituels sont issus de la **CONSCIENCE.** Elle exprime le libre arbitre.

Le **TEMPÉRAMENT** et le **CARACTÈRE,** l'un inné, l'autre acquis, sont des moyens mis à la disposition de la **CONSCIENCE** pour permettre de construire un destin au lieu de subir le poids du conditionnement génétique et l'influence de l'environnement.

La conscience innée, mais non génétique existe dès la conception. Elle évolue tout au long de la vie en fonction des expériences et de l'âge, jouant le rôle d'arbitre entre les prédispositions naturelles du tempérament et les tendances acquises du caractère.

Une métaphore automobile illustre notre propos.

- Le **TEMPÉRAMENT :** la voiture du taxi, utilisable mais non modifiable, symbolise une capacité d'action innée. De même le tempérament, mobilisable mais non éducable, possède un potentiel à optimiser.
- Le **CARACTÈRE :** le chauffeur de taxi représente les aptitudes acquises par l'éducation et par l'usage. Son rôle est de gérer au mieux le potentiel de son véhicule. De même le caractère doit optimiser les capacités innées du tempérament.
- La **CONSCIENCE :** tient lieu de client du taxi. Tributaire des capacités du véhicule qu'il n'a pas choisi le client décide de l'objectif à atteindre. Pour arriver au but il dépend des aptitudes acquises du chauffeur qui a l'habitude, ou non, de prendre des risques. Telle est la conscience qui doit composer avec le potentiel inné du tempérament et les acquis du caractère.

LA MÉTAPHORE DU TAXI POUR COMPRENDRE LES TROIS SOURCES DU COMPORTEMENT

LA VOITURE DU TAXI Potentiel de locomotion à maîtriser pour atteindre le but défini par le client.	**TEMPÉRAMENT** Potentiel d'action inné, non éducable mais maîtrisable pour son optimisation.
LE CHAUFFEUR DU TAXI Aptitudes acquises par l'apprentissage pour maîtriser la voiture.	**CARACTÈRE** Aptitudes acquises, pour optimiser le potentiel inné du tempérament.
LE CLIENT DU TAXI Liberté de définir le but du trajet en tenant compte des capacités de la voiture et d'influer sur les habitudes de conduite du chauffeur de taxi.	**CONSCIENCE** Liberté de se donner un but et de ne dépendre ni des comportements instinctifs du tempérament ni des habitudes du caractère.

La double dimension de l'inné

L'opposition faite habituellement entre inné et acquis ne permet pas de comprendre toute la psychologie humaine. Le **TEMPÉRAMENT,** non modifiable, est inné par nature. Le **CARACTÈRE,** en constante évolution, relève lui de l'acquis.

La **CONSCIENCE** comme le **TEMPÉRAMENT** existe dès la conception et s'avère donc innée. Cependant, à l'image du **CARACTÈRE,** la **CONSCIENCE** se modifie au cours de la vie. Inné et acquis à la fois : comment est-ce possible ? Y a-t-il un inné fixe et un inné variable ? Oui, car il existe deux innés : l'un génétique, l'autre non génétique. Les jumeaux monozygotes l'illustrent parfaitement. Ils possèdent en commun le même inné génétique – leurs deux tempéraments sont donc identiques – et chacun un inné non génétique, différencié, avec deux consciences distinctes.

– **L'INNÉ GÉNÉTIQUE** est la part innée de la personnalité existant à la conception mais qui ne peut changer. Tel le tempérament qui ne varie pas dans sa nature mais que le caractère apprend à optimiser en fonction des directives de la conscience.

– **L'INNÉ NON GÉNÉTIQUE** est la part innée de la personnalité existant à la conception mais qui est amenée à se transformer. Telle s'avère la conscience dont l'évolution repose sur deux causes : l'impact de l'âge et les expériences de la vie.

L'inné et l'acquis possèdent-ils le même poids dans le comportement ?

À propos des comportements humains, bien avant les psychologues, les philosophes se posaient déjà des questions sur ses composantes innées ou acquises avec l'opposition entre nature d'une part et culture d'autre part. Cette dernière est privilégiée par les psychologues dont la formation universitaire fait traditionnellement l'impasse sur l'inné. Pourtant ils ne peuvent ignorer les découvertes de disciplines scientifiques comme la génétique ou la médecine.

L'observation des familles nombreuses permet de distinguer des tempéraments, parfois opposés, coexistant chez les enfants d'une même fratrie pourtant éduqués selon des principes identiques et des valeurs communes.

En 1983 deux chercheurs américains, Maccoby et Martin, affirmaient : « L'insignifiance des tendances observées par les études de socialisation et les résultats troublants des études de génétique du comportement incitent à tirer

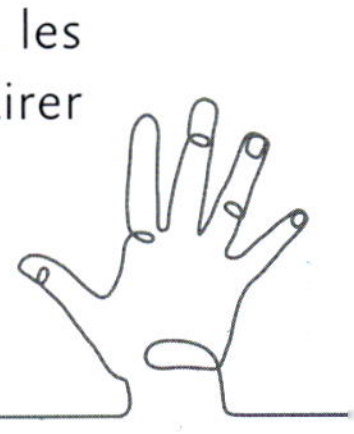

les conclusions suivantes : l'environnement parental (éducation, entente entre parents, conditions matérielles) a très peu d'effet sur la personnalité de l'adulte ! Et quand bien même l'environnement parental a un effet, il est très différent d'un enfant à l'autre, dans une même famille... sur ce qu'il sera adulte[1] ».

Le poids de l'expérience est inversement proportionnel à l'âge

Loin de nous l'idée de détourner les parents de l'attention qu'ils portent à leurs enfants et des valeurs qu'ils leur donnent, mais nous souhaitons les rassurer quand ils observent un décalage entre l'éducation offerte et le résultat. Or il se perçoit parfois comme décevant après des années d'abnégation !

Leurs choix éducatifs ont des effets positifs à court terme. L'environnement et l'éducation priment largement sur la nature de l'enfant de la naissance à la fin de l'adolescence quand il quitte le domicile. En grandissant puis vieillissant, l'inné génétique prend définitivement le pas sur l'acquis. Par conséquent l'inné génétique est proportionnel à l'âge : 5 % à 5 ans, 25 % à 25 ans, 50 % à 50 ans, 75 % à 75 ans et 100 % à 100 ans. Plus on vieillit, plus notre inné s'exprime.

Cette évolution est programmée dans les gènes afin de laisser dans les premières années de la vie toute sa place à l'acquis, quand la plasticité du cerveau lui permet d'acquérir le langage, la motricité et la sociabilité, qui vont ensuite progresser au cours de la vie. L'enfant ressemble à une éponge absorbant ce que l'environnement met à sa disposition.

Des études psychogénétiques sur la gémellité montrent que les jumeaux identiques, séparés à la naissance car orphelins donc éduqués dans des familles différentes, se comportent une fois vieux de manière semblable. En revanche, jeunes ils se révèlent principalement le fruit de l'éducation et de l'environnement familial.

Sans se focaliser sur les orphelins parmi les jumeaux, des points communs édifiants dans leurs comportements : choix professionnels, caractéristiques psychologiques, ressemblances dans les troubles mentaux sont aussi mis en évidence par de nombreuses études.

Le tempérament inné génétique ne se modifie donc pas. En revanche son impact dans le comportement grandit avec le temps au détriment du caractère qui, lui, décroît dans les mêmes proportions.

---

1. MACCOBY (E.E.) et MARTIN (J.A.), « Socialization in the context of the family : Parent-child interaction », dans *Handbook of Child Psychology*, vol. 4. *Socialization, Personality and Social Development*, E.M. Hetherington et P.H. Mussen (dir.). New York : Wiley, p. 1-101

Pourquoi les mains révèlent-elles le tempérament ?

Le tempérament et les caractéristiques des mains possèdent une origine commune : le génotype, patrimoine héréditaire transmis par les parents. Le phénotype en est l'expression à travers le hasard biologique.

Les mains constituent le phénotype physique, le tempérament, le phénotype psychologique. Il ne s'agit en aucun cas d'une influence de l'un sur l'autre mais d'une corrélation entre les deux.

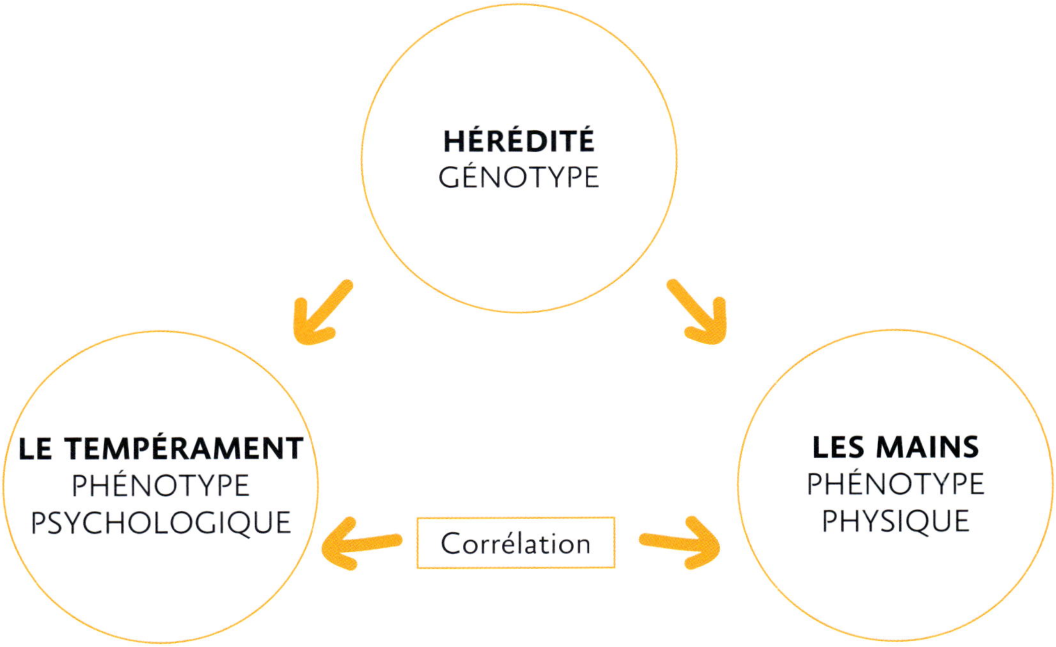

Les quatre tempéraments

Cette typologie constitue à l'origine une classification psycho-médicale des humains en quatre profils. En partant de la théorie des humeurs – une des bases de la médecine antique européenne – Hippocrate, au IVe siècle avant notre ère définit quatre tempéraments : bilieux, nerveux, sanguin et lymphatique.

Chacun d'entre eux possède ses propres caractéristiques physiologiques et psychologiques. Abandonnée par la médecine conventionnelle, cette catégorisation s'utilise dorénavant dans une approche globale de la santé en naturopathie, aromathérapie et homéopathie.

Une typologie adaptée pour cerner la personnalité innée

Laissant de côté sa dimension médicale, nous nous sommes concentrés sur les applications psychologiques de cette approche simple et logique. L'idée était de l'adapter d'une part à notre pratique dans les ressources humaines et dans nos activités de conseil auprès des particuliers, d'autre part d'éviter des contresens. On pourrait effectivement confondre le bileux, personne anxieuse, avec le tempérament bilieux, personne maîtresse d'elle-même et de la situation. Nous l'avons donc revisitée en utilisant des termes plus appropriés.

Des appellations plus signifiantes

Ainsi dans notre méthode les tempéraments bilieux, nerveux, sanguin, lymphatique deviennent **ORGANISATEUR**, **PENSEUR**, **DÉVELOPPEUR**, **CONTINUATEUR**.

Quatre tempéraments dans la personnalité innée

Nous voulions conserver la simplicité de cette classification mais nous tenons à préciser que notre méthode n'emprisonne pas dans l'un des quatre types. Au contraire, elle crée des multitudes de profils particuliers constitués de proportions et de pourcentages propres à chaque profil psychogénétique.

Ainsi en va-t-il de l'imprimerie qui à partir de trois couleurs primaires jaune, rouge, bleu plus le noir compose une multitude de couleurs. Vous pouvez posséder un profil 45 % Continuateur, 10 % Développeur, 30 % Organisateur et 15 % Penseur. Tout est question de nuances.

CORRESPONDANCE ENTRE LES TEMPÉRAMENTS D'HIPPOCRATE ET LES TERMES UTILISÉS EN MANUTYPOLOGIE®

LE NERVEUX
PENSEUR

LE BILIEUX
ORGANISATEUR

LE SANGUIN
DÉVELOPPEUR

LE LYMPHATIQUE
CONTINUATEUR

MENTALITÉ ET BESOINS

PENSEUR

MENTALITÉ
DE L'ADOLESCENT

BESOINS :
Analyse, cohérence, anticipation
Liberté d'esprit, singularisation

ORGANISATEUR

MENTALITÉ
DE L'ADULTE

BESOINS :
Pragmatisme, pérennité, maîtrise
Autonomie, responsabilité

DÉVELOPPEUR

MENTALITÉ
DE L'ENFANT

BESOINS :
Intensité, partage, changement
Liberté d'action, improvisation

CONTINUATEUR

MENTALITÉ
DU NOUVEAU-NÉ

BESOINS :
Calme, tranquillité, routine
Sécurité, protection

Quatre mentalités dans la personnalité innée

Pour bien comprendre la mentalité de chacun des quatre tempéraments nous les associons à quatre stades de la vie humaine : le nouveau-né, l'enfant, l'adolescent, l'adulte. Il ne s'agit en aucun cas de mesurer le degré de maturité *via* la typologie des tempéraments, mais de définir le style de mentalité.

CONTINUATEUR

MENTALITÉ DU NOUVEAU-NÉ

Tel le nouveau-né tranquillisé par un quotidien routinier, choyé par les mêmes personnes prenant soin de lui, ce tempérament nécessite une vie calme et paisible. Comme lui il observe le monde qui l'entoure et accepte avec philosophie son impuissance à en posséder la maîtrise.

Effectuer des choix ou prendre des décisions lui pèsent. Il préfère agir en conformité avec les injonctions de ceux qui détiennent l'autorité, en accord avec les obligations des lois et des règlements. Il se sent heureux dans une routine qui devient son mode de vie, facilite son quotidien et le libère des affres de la liberté.

DÉVELOPPEUR

MENTALITÉ DE L'ENFANT

Tel l'enfant, ce tempérament vit l'instant présent avec intensité et spontanéité. Il donne une impression d'insouciance, ne porte guère d'intérêt au passé et n'anticipe pas le futur. Comme lui il veut découvrir, conquérir, tester ses propres limites et celles des interdits, car pour lui la vie est un jeu.

Il ne peut être heureux tout seul comme il ne peut être le seul heureux. Il cherche à convaincre les autres d'adopter sa vision du bonheur. S'il y parvient, cela le conforte dans ses choix et ses convictions. Affectif et en général extraverti, il ressent le besoin d'entrer en interaction avec les autres. La solitude et l'inaction l'incommodent, les quatre piliers de sa motivation étant changement, partage d'émotions, intensité et liberté d'improvisation.

PENSEUR

MENTALITÉ DE L'ADOLESCENT

Tel l'adolescent, ce tempérament aspire à la fois à la liberté de l'adulte sans le poids des responsabilités y afférant et à celle de l'enfant sans son insouciance. Comme lui il se projette avec idéalisme dans l'avenir et intègre, pour l'imaginer, le futur dans le présent parce que le rêve est plus beau que la réalité. Son besoin d'évasion l'amène aussi à se plonger dans le passé, voyage intérieur où il n'emmène personne. De plus, il tient à rendre intelligible le passé car il sait qu'on ne peut comprendre où l'on va si l'on ne sait d'où l'on vient.

Comprendre constitue son maître-mot. Son sens critique est si développé qu'il ne cesse d'analyser la cohérence du monde où il vit et le ressort des actes de chacun. Dans ce but, il acquiert des savoirs pour augmenter ses connaissances et par plaisir de les transmettre, voire de faciliter l'évolution des autres. Ses sujets de prédilection sont la psychologie, l'histoire, l'art et parfois la science.

Individualiste et épris de singularité, ce tempérament aime agir seul pour le bien commun, à condition qu'il puisse le faire à sa manière, si possible en sortant des sentiers battus.

ORGANISATEUR

MENTALITÉ DE L'ADULTE

Tel l'adulte, ce tempérament trouve normal de se prendre en charge et de ne pas dépendre des autres. Il se sent responsable d'eux et les protège allant parfois jusqu'à considérer qu'ils lui appartiennent.

L'amour-propre constitue son talon d'Achille. Il ne supporte pas de faillir et tente par tous les moyens de se montrer fiable et irréprochable. En aucun cas il ne veut se montrer le maillon faible. Il s'efforce d'aider ceux qui dépendent de lui à prendre leur envol dans la sphère professionnelle et privée.

Ce tempérament cherche à maîtriser sa vie, un savoir-faire, le présent pour construire l'avenir, ses sentiments pour tester son invulnérabilité. Comme l'adulte, prudent et prévoyant, il possède le sens des conséquences.

PARTIE 2

MAIN GAUCHE ET MAIN DROITE

Main gauche : conception
Main droite : concrétisation

Voici une notion importante à garder en tête :

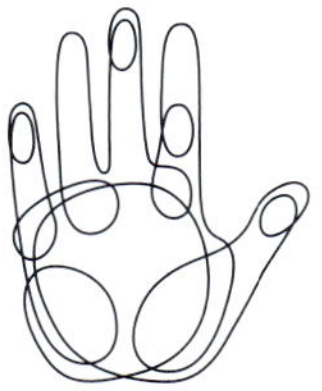

MAIN GAUCHE :

indique les tendances naturelles de comportement dans la phase de conception et préparation de l'action.

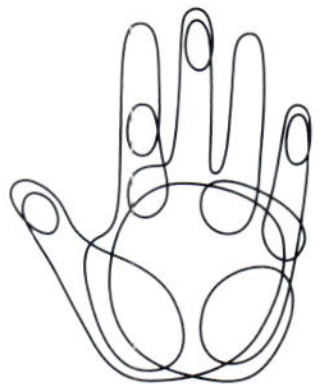

MAIN DROITE :

indique les tendances naturelles de comportement dans la phase de mise en œuvre et de concrétisation de l'action.

En comparant les empreintes digitales des doigts de la main gauche et de la main droite, deux cas de figure se présentent :

- Caractéristiques des deux mains identiques : la conception de l'action et sa mise en œuvre s'opèrent sur un même mode.
- Caractéristiques des deux mains différentes : les comportements dans la phase de préparation de l'action et dans la phase de concrétisation sont différents.

IMPORTANT : être gaucher ou droitier n'entre en aucune façon dans l'analyse des tempéraments.

En revanche, la dictature du nombre, 90 % de droitier en moyenne dans le monde, contraint la personne gauchère à s'adapter. Obligée de se battre dans un monde conçu par et pour les droitiers, elle peut transformer une difficulté en opportunité et accroître ainsi sa combativité ou à l'inverse, adopter une attitude de victime.

La personne droitière ne possède pas cette chance car tout ce qui est latéralisé semble adapté à son mode de fonctionnement et cela conduit à endormir sa combativité car la facilité engendre souvent la médiocrité.

Ainsi, l'appartenance à une minorité peut impacter la confiance en soi des gauchers, en la renforçant ou en l'amoindrissant. Cela dépend du besoin d'appartenance ou de singularisation.

Un geste à identifier : entrecroiser les doigts

Croiser les doigts s'avère le seul geste latéralisé inné qui ne soit pas gaucher ou droitier. À l'inverse, de nombreux autres gestes le sont : manière de croiser les bras et les jambes, de tenir les couverts, un crayon ou un stylo, d'applaudir, de viser avec une arme, de taper dans un ballon avec la main ou le pied, etc.

Nos constats à propos de l'entrecroisement :

- index droit sur gauche – 66 % des hommes et 34 % des femmes ;
- index gauche sur droit – 34 % des hommes et 66 % des femmes.

Ces deux façons d'entrecroiser les doigts ne s'avèrent en aucun cas un mimétisme ni une injonction culturelle. Seuls les gènes le déterminent, tant que ce geste est effectué de manière naturelle.

Cependant, rien n'empêche une personne de décider d'entrecroiser les doigts de manière inverse à ce qu'elle fait par nature jusqu'à ce que cela devienne une habitude, donc un réflexe conditionné. Certains animateurs de cours de yoga incitent les participants à inverser l'entrecroisement de leurs doigts pour leur faire ressentir les effets de ce changement.

ENTRECROISEMENT DE VOS DOIGTS
VU PAR VOUS-MÊME

MAIN DROITE DOMINANTE

(index droit sur gauche)

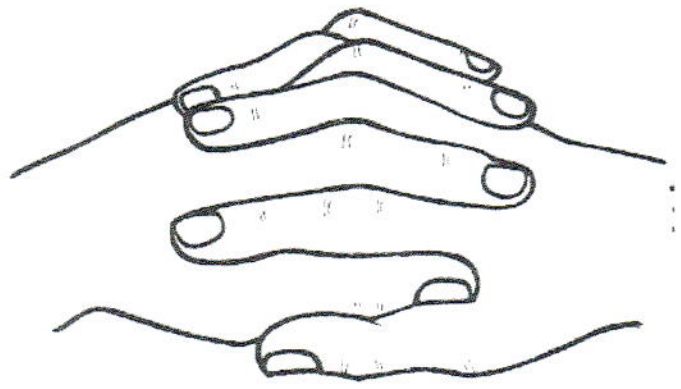

MAIN GAUCHE DOMINANTE

(index gauche sur droit)

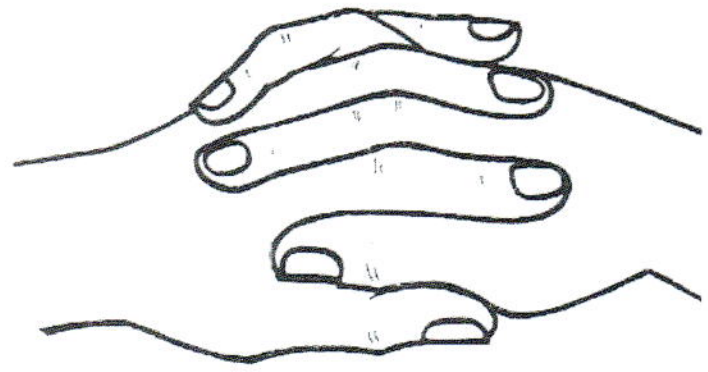

ENTRECROISEMENT DE VOS DOIGTS
VU PAR LES AUTRES

MAIN DROITE DOMINANTE

(index droit sur gauche)

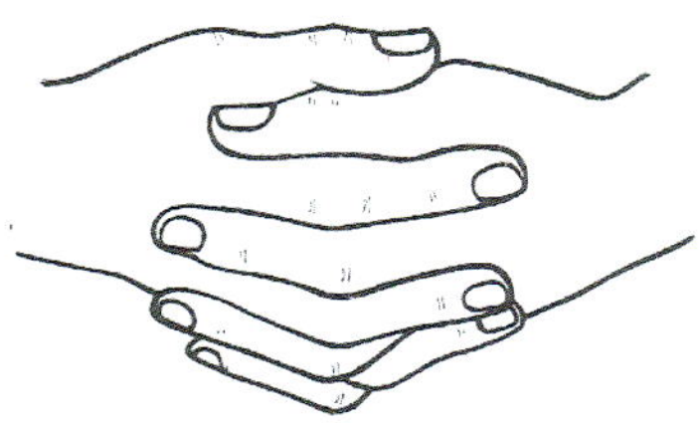

MAIN GAUCHE DOMINANTE

(index gauche sur droit)

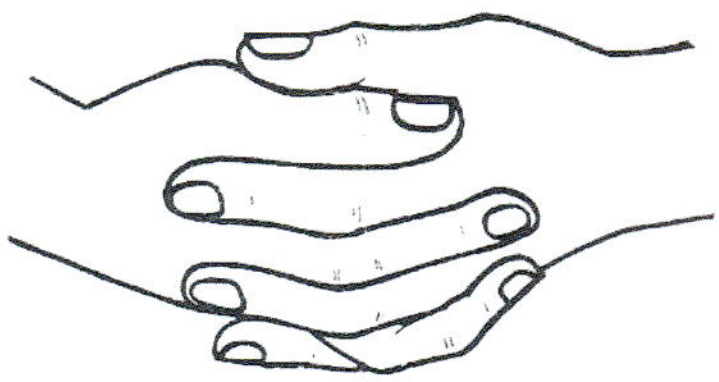

PARTIE 3

IDENTIFIER LES CRITÈRES RÉVÉLATEURS DU TEMPÉRAMENT DANS LES MAINS

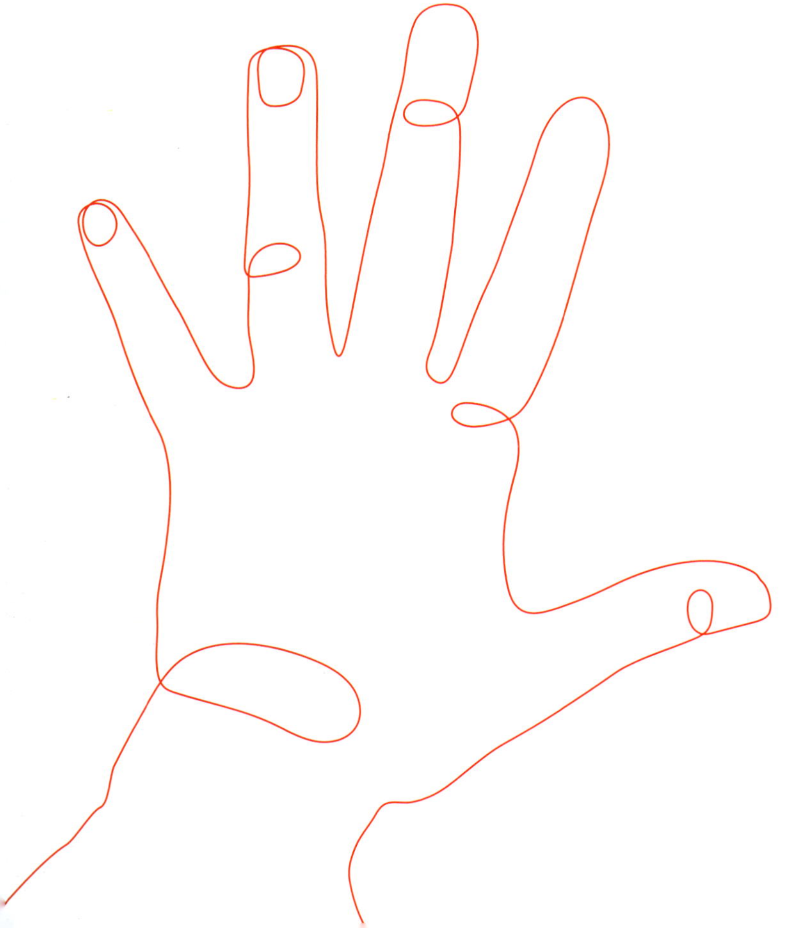

Important

Prendre en compte tous les critères

Cette partie passe en revue les critères tactiles et visuels à identifier pour établir le profil d'une personne à partir des caractéristiques génétiques de ses mains selon la typologie des quatre tempéraments d'Hippocrate (cf. partie 5).

IMPORTANT : il faut prendre en compte l'ensemble des critères afin de cerner avec justesse le tempérament.

Corrélations et cohérences

Après la description des six premiers critères à observer, le septième critère sur les caractéristiques des lignes de la paume sera détaillé, puis mis en corrélation et en cohérence avec eux.

Distinction entre ces deux termes :

Corrélation : dans la vie il s'agit du rapport existant entre deux choses, deux notions, deux faits dont l'un implique l'autre et réciproquement, sans que l'un génère l'autre ou inversement.

En biologie il s'agit du lien constant existant chez un être vivant entre deux ou plusieurs caractères affectant des parties différentes de son corps.

Cohérence : rapport d'harmonie ou d'organisation logique entre des éléments. En ce qui concerne notre pratique, il s'agit d'un lien de cause à effet donc d'un lien plus fort qu'une simple corrélation.

Critères tactiles

Chaleur des mains

Trois catégories

Ce critère se mesure de préférence avec un thermomètre capable d'identifier, sans contact, la température d'une surface. En l'occurrence la température de la peau dans la paume. Un thermomètre médical à infrarouge répond à cette exigence à condition qu'il offre, en plus de la mesure de la température interne, l'identification de la température de surface. Toutes les pharmacies en proposent.

L'écart de chaleur entre les mains les plus chaudes et les mains les plus froides, mesuré exclusivement dans la paume des mains et dans des conditions habituelles, donne un minimum à 25° et un maximum à 35°.

De ces écarts de température découlent trois catégories :

- Mains froides : de 25° à 29°
- Mains tièdes : de 29° à 31°
- Mains chaudes : de 31° à 35°

La chaleur des mains des femmes et des hommes

Les femmes et les hommes sont inégaux devant ce critère. La circulation sanguine n'est pas la cause unique expliquant une fréquence plus élevée des mains froides dans la population féminine. Il en existe une autre, tempéramentale, dont nous allons parler maintenant.

La répartition de la chaleur des mains selon le sexe :

	HOMMES	FEMMES
Mains chaudes	66 %	34 %
Mains froides	34 %	66 %

Hygrométrie des mains

Il s'agit de la mesure de leur moiteur. Utiliser seul, le terme hygrométrie concerne la mesure de l'humidité de l'air. Aussi précisons-nous « hygrométrie des mains ».

La moiteur dont il s'agit ici est naturelle, génétique, sans lien avec une émotion momentanée ou un stress soudain. L'hygrométrie des mains évoquée ne s'avère pas la conséquence d'une température extérieure élevée. D'ailleurs certaines personnes possèdent des mains moites même par temps froid, et d'autres conservent des mains sèches sous des températures caniculaires.

Mains moites et mains sèches

Un test permet de les distinguer : frotter les paumes l'une contre l'autre. Le bruit du frottement indique que les mains sont sèches. Dans les mêmes conditions, les mains moites n'en émettent aucun.

Épaisseur et douceur de la peau dans la paume

Ces deux critères requièrent un peu d'expérimentation. Il faut procéder par comparaison de ses mains avec celles de différentes personnes de l'entourage. Prendre entre le pouce et l'index la peau à la base du pouce aide à déterminer les caractéristiques de la peau dans la paume.

Épaisseur et souplesse

L'épaisseur de la peau s'accompagne d'un critère secondaire : la dureté de la peau dans la paume. Généralement, cette souplesse ou dureté dans la paume apparaît en accord avec celle des mains dans leur entièreté. Il s'agit d'une épaisseur naturelle sans lien avec des activités manuelles.

Se distinguent quatre catégories :

- peau épaisse et dure ;
- peau épaisse et souple ;
- peau fine et dure ;
- peau fine et souple.

Douceur

Indépendamment d'une activité manuelle qui en altère parfois la substance, la peau dans la paume s'avère naturellement douce pour les uns et rêche pour les autres.

Critères visuels

Forme de la paume

Ce critère en recèle deux : la largeur et la rondeur.

Largeur

Il faut considérer la mesure d'une ligne horizontale partant au-dessus de l'attache du pouce et se terminant au bord interne de la paume. Cette évaluation de largeur doit se comparer à la longueur de la paume, se mesurant par une ligne verticale partant du milieu du bas de la paume et allant jusqu'à la base du majeur.

Si la paume s'avère aussi large que longue elle est considérée comme large. Dans le cas contraire, une paume plus longue que large, elle est considérée comme étroite.

Rondeur

Si le bord de la paume semble arrondi, la paume est caractérisée comme telle. À l'inverse si le bord de la paume semble droit, elle est considérée comme carrée en cas de paume large, ou comme rectangle si elle est étroite.

PAUME LARGE ET CARRÉE

Échelle : 60 %

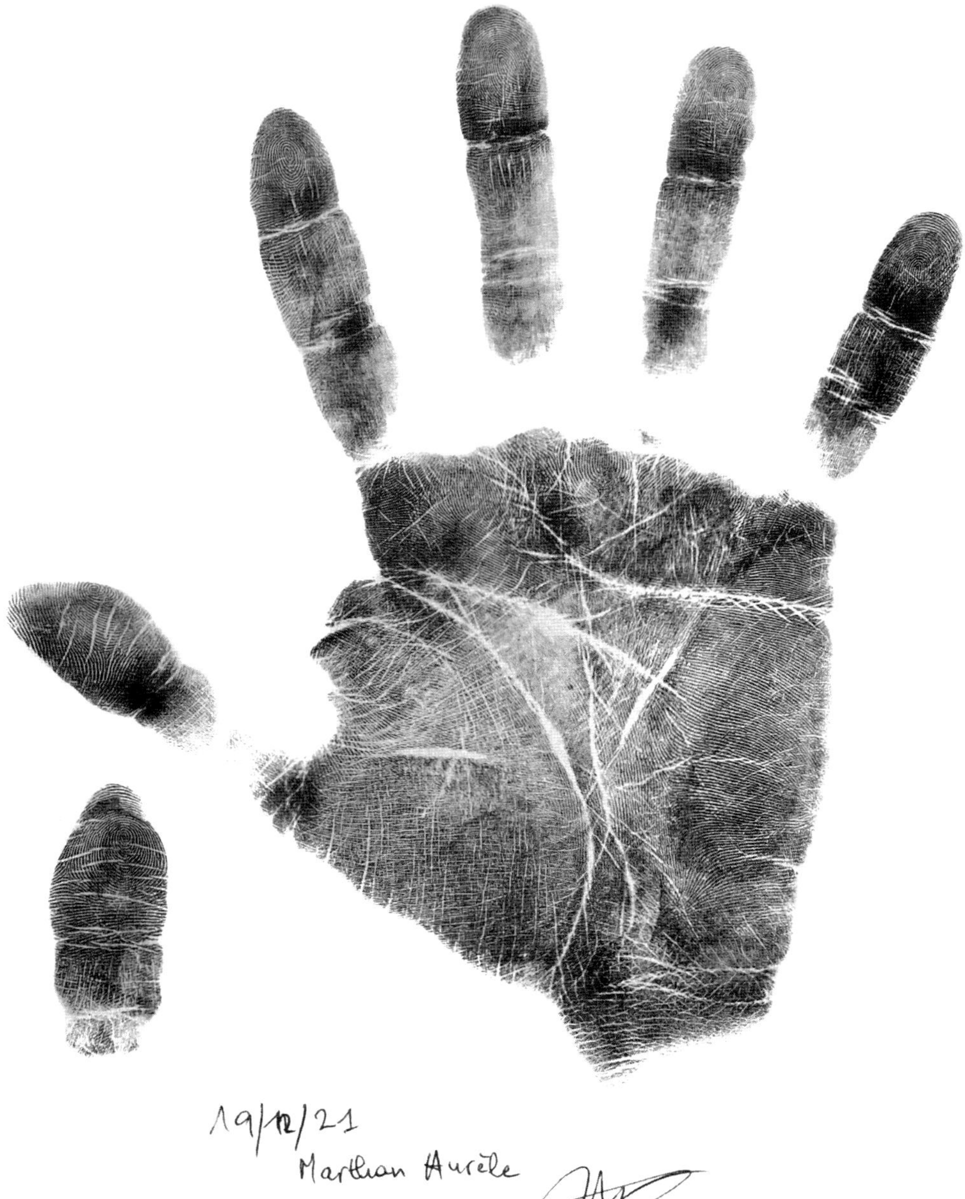

Main droite d'Aurèle Marthan, pianiste.

PAUME ÉTROITE ET RECTANGLE

Échelle : 65 %

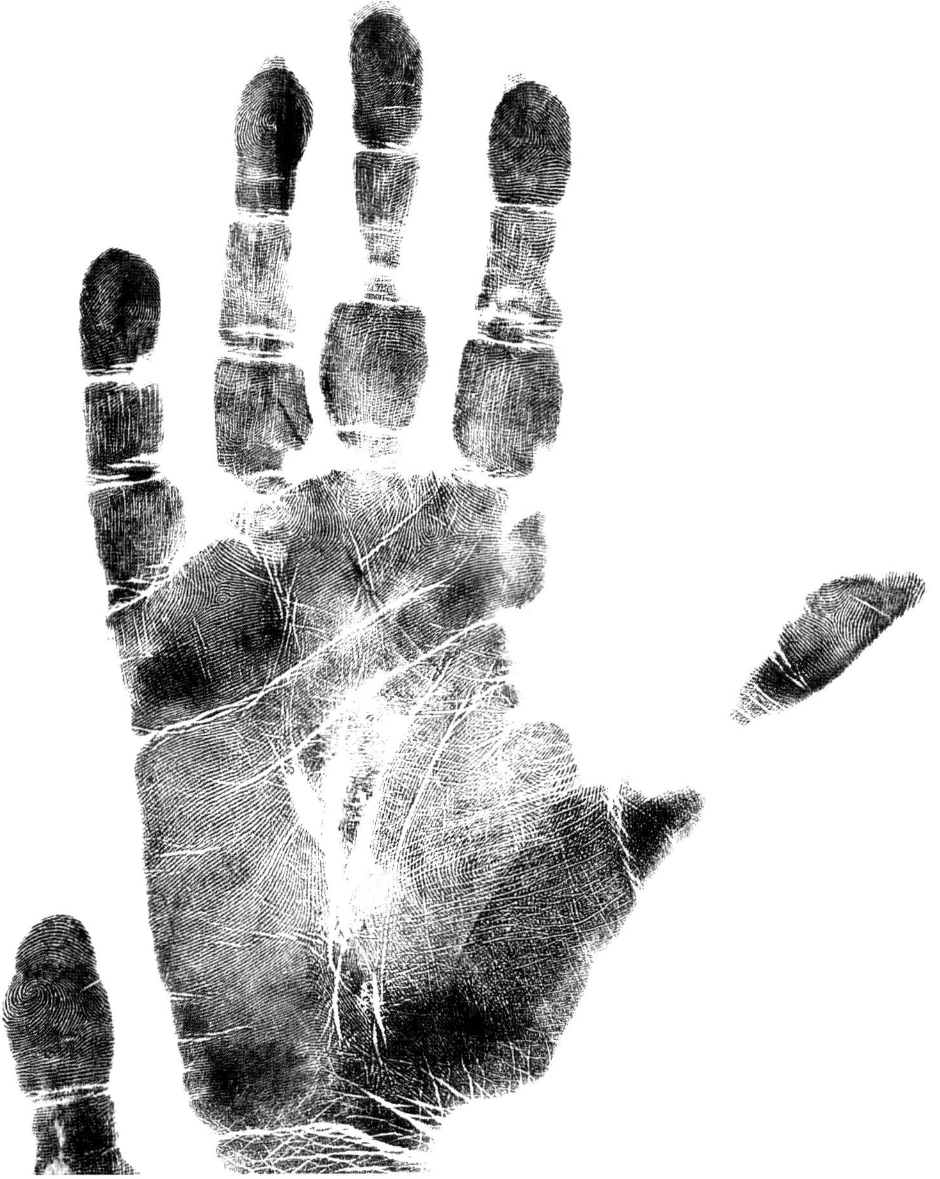

PAUME LARGE ET ARRONDIE

Échelle : 85 %

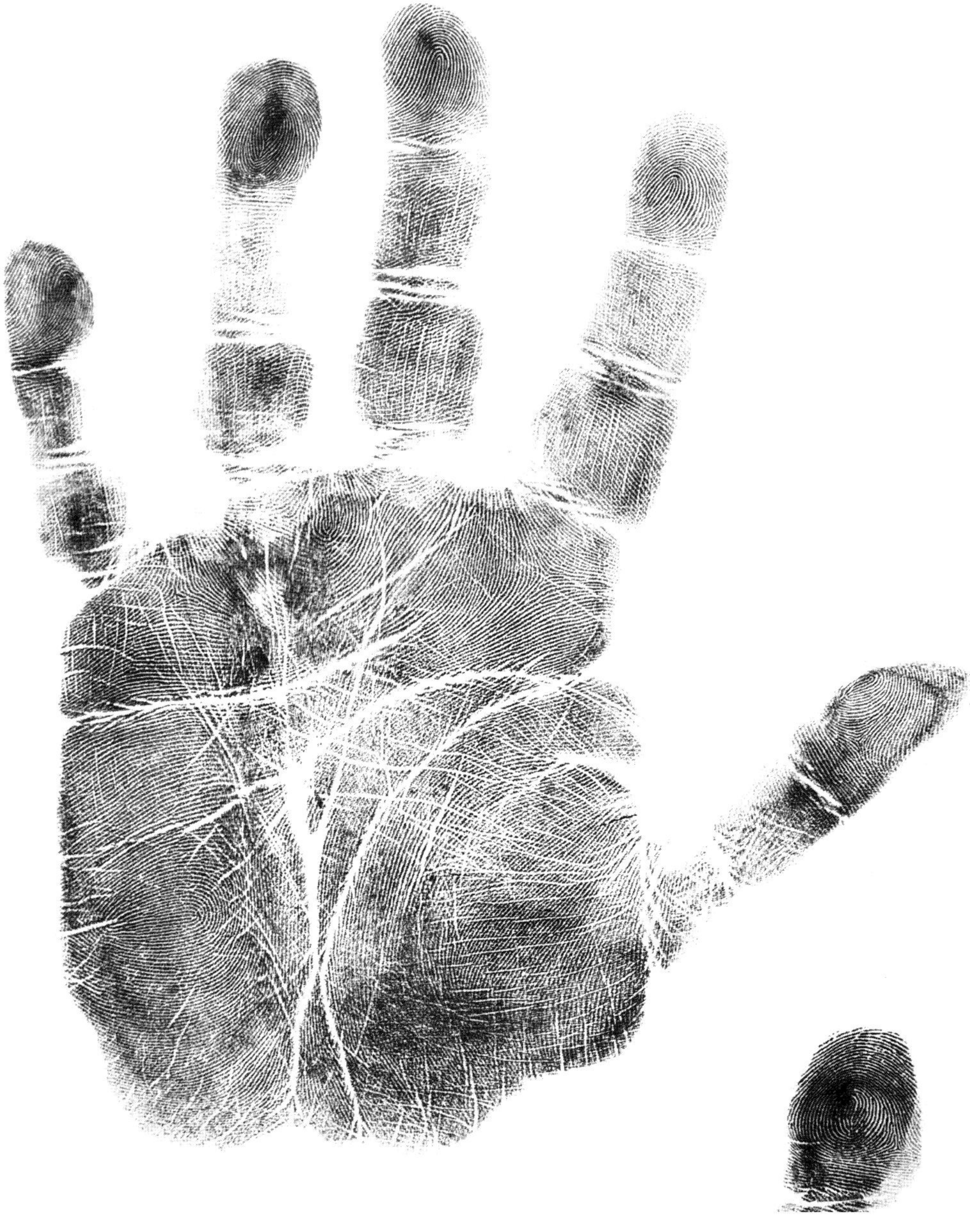

PAUME ÉTROITE ET ARRONDIE

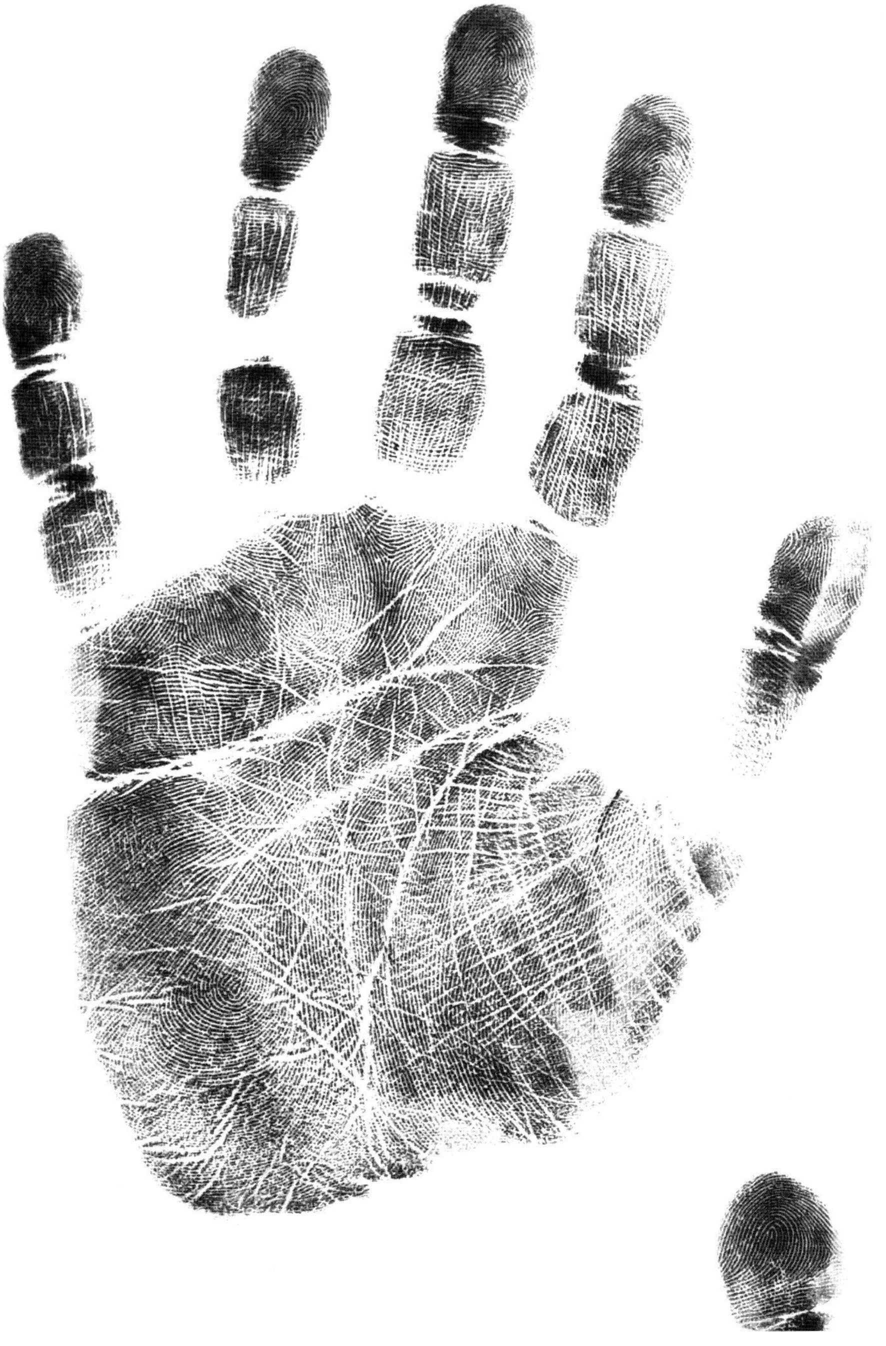

Longueur des doigts

L'évaluation pour ce critère repose sur la comparaison de deux longueurs : celle du majeur et celle de la paume.

Longueur du majeur

Il s'agit du doigt à prendre en compte pour le comparer à la paume. Une main dans la norme est caractérisée par un majeur mesurant 80 % de la longueur de la paume. Exemple : une paume de 10 cm et un majeur de 8 cm.

Est considéré comme long un majeur dont la longueur est supérieure à 90 % de celle de la paume.

Est considéré comme court un majeur dont la longueur est inférieure à 70 % de celle de la paume.

Trois profils ressortent :

Doigts courts	Doigts dans la norme	Doigts longs
< 70 % de la longueur de la paume	= 80% de la longueur de la paume	> 90 % de la longueur de la paume

Forme des ongles

Ce critère dépend de deux mesures : leur longueur et leur largeur.

En les combinant, on obtient quatre types d'ongles :

Ongles longs et larges	Ongles courts et larges
Ongles longs et étroits	Ongles courts et étroits

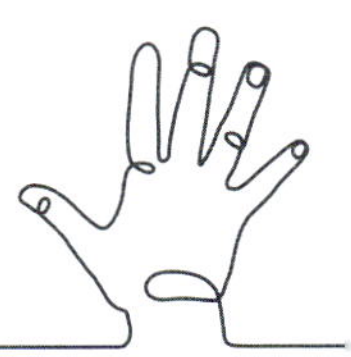

La partie de l'ongle à prendre en compte est celle intégrée au doigt, ne le dépassant pas.

Les lunules (forme en demi-lune plus claire à la base des ongles) constituent un critère secondaire car certaines personnes n'en possèdent pas. Elles confirment l'appartenance de l'ongle à une catégorie et se trouvent le plus souvent sur les ongles du pouce, plus rarement sur ceux des annulaires et des auriculaires. Les lunules se voient :

- très présentes sur les ongles longs et larges,
- souvent présentes sur les ongles courts et larges,
- rarement présentes sur les ongles longs et étroits,
- jamais présentes sur les ongles courts et étroits.

Corrélation

Il existe un lien de cohérence entre deux largeurs ; celle de la paume avec celle des ongles :

	Paume large	Paume étroite
Ongles larges	Cohérent	Rare
Ongles étroits	Rare	Cohérence

LONGUEUR DES DOIGTS/LONGUEUR DE LA PAUME

Échelle : 75 %

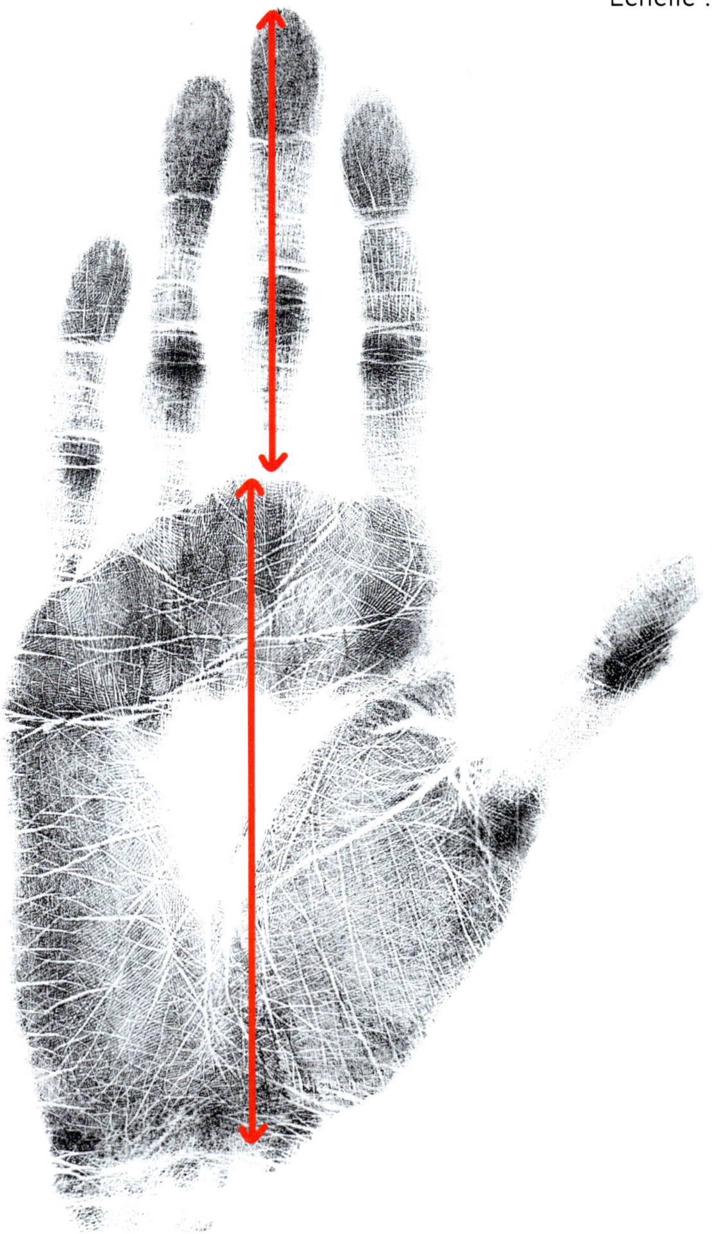

FORME DES ONGLES

ONGLE LONG ET LARGE

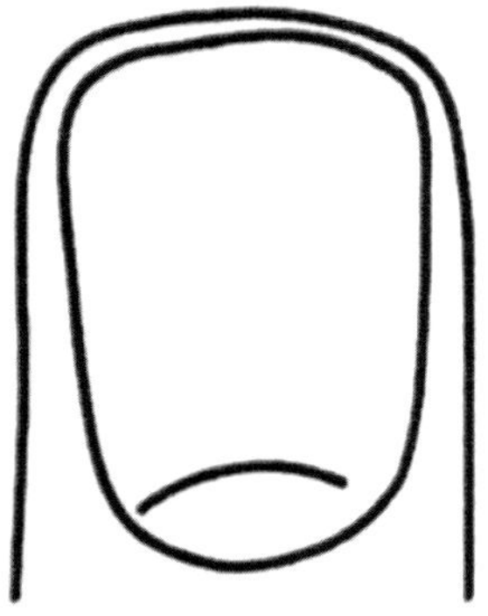

ONGLE COURT ET LARGE

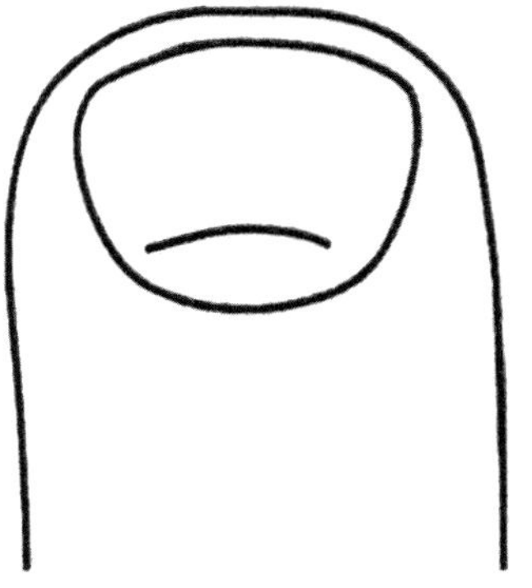

ONGLE LONG ET ÉTROIT

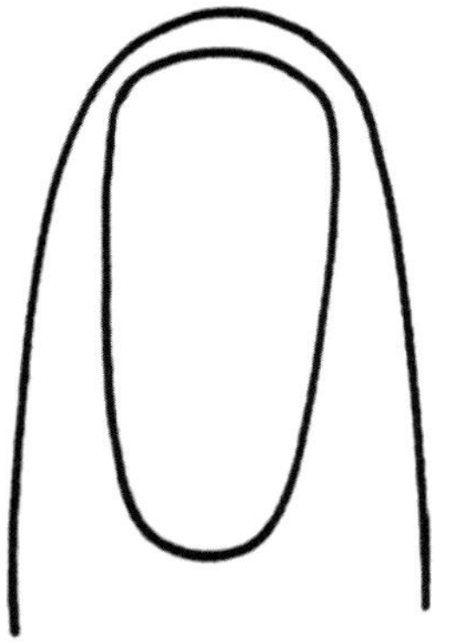

ONGLE COURT ET ÉTROIT

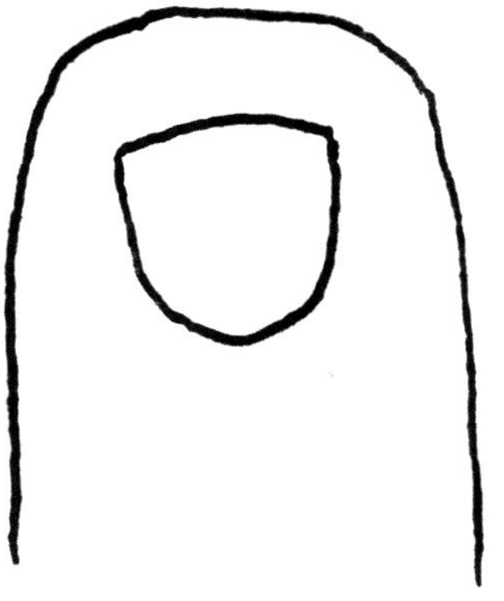

Nombre et profondeur des lignes

Deux caractéristiques des lignes

Les lignes ne sont en aucune façon des rides. Leur nombre n'augmente pas avec l'âge, ni même en pratiquant des activités manuelles. Leur quantité et leur profondeur dépendent d'une seule cause : la génétique.

Profondeur et largeur des lignes sont identiques dans les deux paumes. Leurs dessins – qui n'entrent pas en ligne de compte dans le profil tempéramental – sont presque toujours différents entre la main gauche et la main droite.

En combinant ces deux critères l'on obtient quatre possibilités :

Lignes profondes et nombreuses	Lignes profondes et peu nombreuses
Lignes fines et nombreuses	Lignes fines et peu nombreuses

Corrélation ou cohérence des lignes avec les autres critères

Cohérence entre profondeur des lignes et épaisseur de la peau dans la paume.

	Peau épaisse	**Peau fine**
Lignes profondes	Très fréquent	Impossible
Lignes fines	Rare	Fréquent

S'il est logique d'associer lignes profondes et peau épaisse, il est en revanche impossible de posséder des lignes profondes dans une paume à la peau fine. Cependant l'inverse, bien que rare, existe : des lignes fines avec une peau épaisse

LIGNES PROFONDES ET NOMBREUSES

LIGNES PROFONDES ET PEU NOMBREUSES

LIGNES FINES ET NOMBREUSES

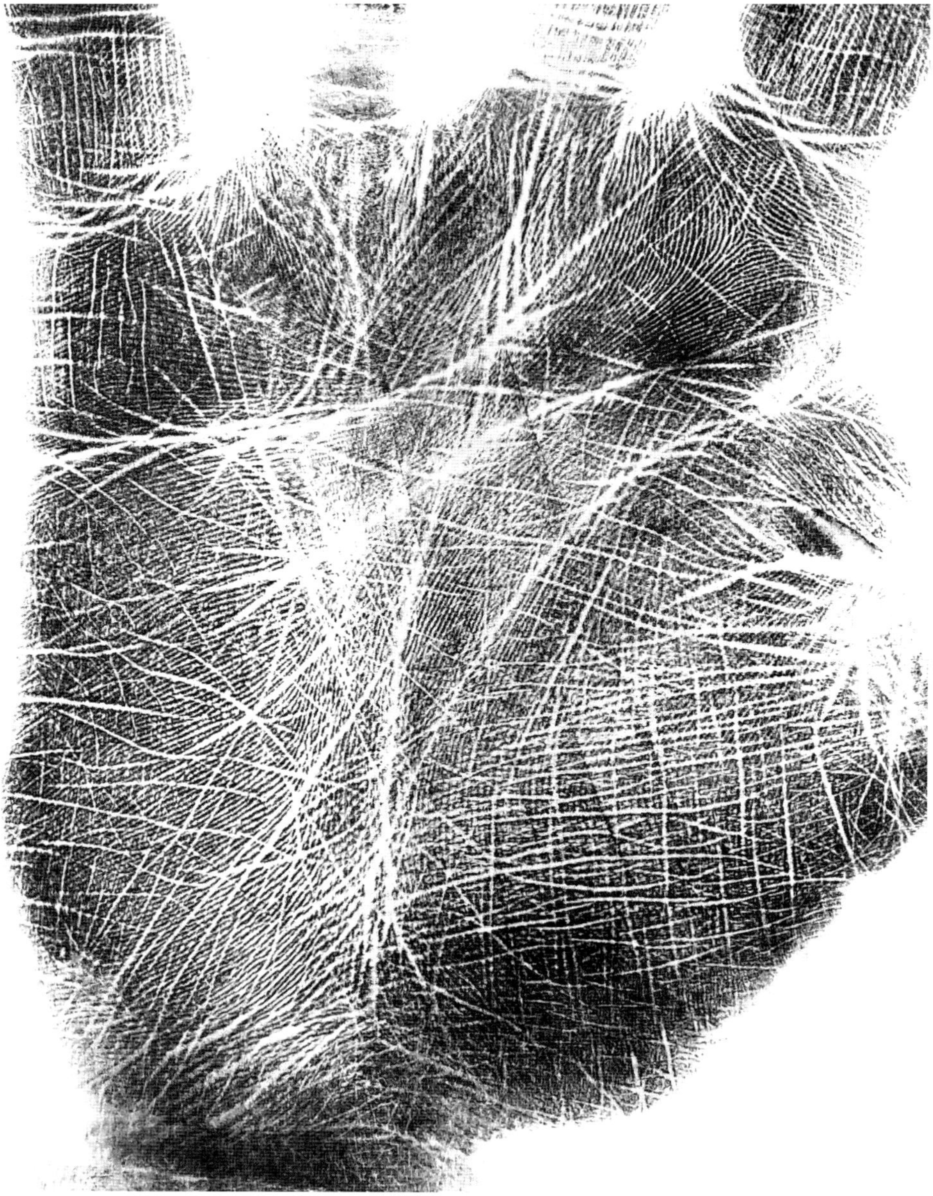

LIGNES FINES ET PEU NOMBREUSES

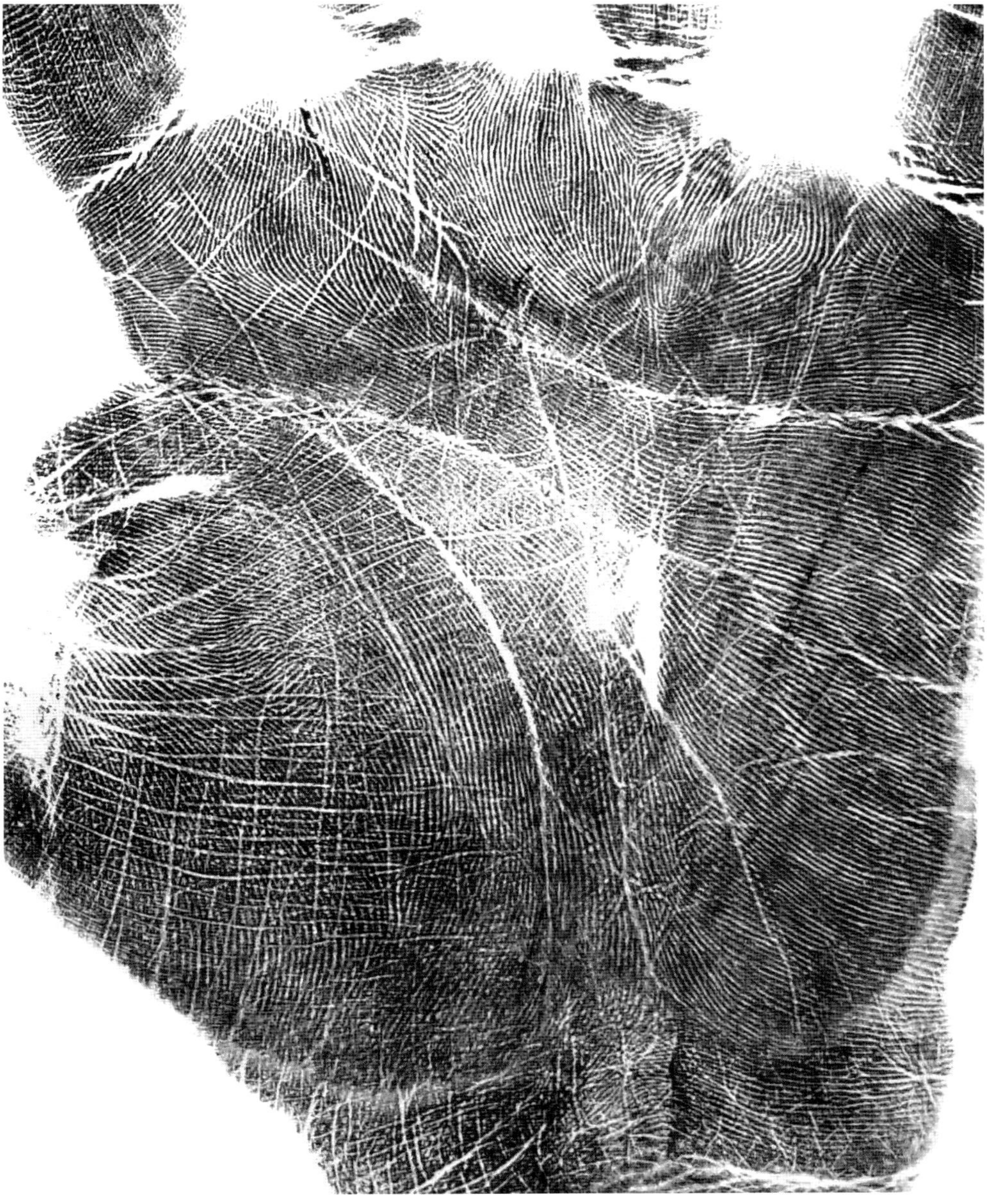

Corrélation entre profondeur des lignes et chaleur des mains

	Mains chaudes	Mains froides
Lignes profondes	Fréquent	Rare
Lignes fines	Rare	Fréquent

Corrélation entre profondeur des lignes et largeur de la paume

	Paume large	Paume étroite
Lignes profondes	Fréquent	Rare
Lignes fines	Rare	Fréquent

Corrélation entre nombre de lignes et moiteur des mains

	Mains sèches	Mains moites
Lignes nombreuses	Fréquent	Rare
Lignes peu nombreuses	Rare	Fréquent

PARTIE 4

LES EMPREINTES DIGITALES ET PALMAIRES

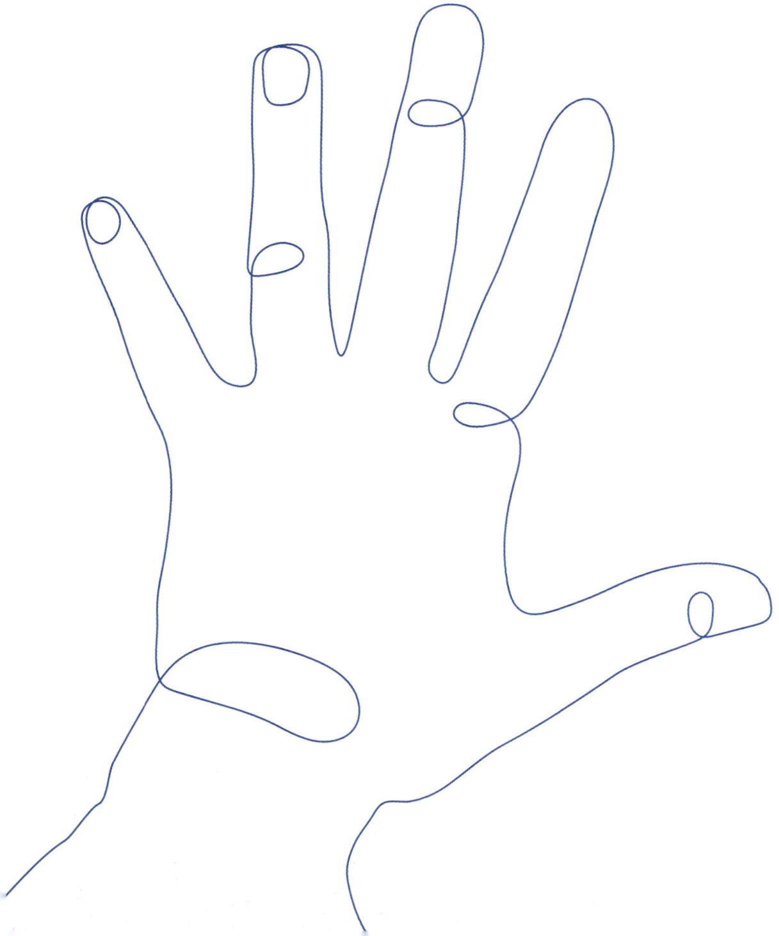

Important

Les empreintes digitales pour aller plus loin

Les empreintes digitales et palmaires ne font pas partie des critères permettant d'identifier le tempérament d'une personne. Si votre objectif s'avère juste d'établir le profil tempéramental et de ne pas aller plus en détail sur les aptitudes naturelles et sur les comportements innés, alors vous pouvez « zapper » cette partie et vous rendre directement à la partie 5 : comprendre la personnalité innée.

Cependant, recourir à l'analyse des empreintes digitales et palmaires présente deux avantages : sur le plan individuel affiner le profil tempéramental de quelqu'un et sur le plan collectif pouvoir différencier deux individus ayant un profil tempéramental proche.

Affiner le profil tempéramental

Intégrer l'analyse des empreintes digitales et palmaires en complément du diagnostic de tempérament aide à atteindre un niveau supérieur de précision et de personnalisation. Établir le profil tempéramental cerne les grandes tendances de comportements innés, tout comme connaître la nationalité d'une personne donne une idée de sa mentalité, même si cela peut s'avérer parfois caricatural : les Allemands organisés, les Italiens exubérants, les Japonais impénétrable et les Français indisciplinés. En allant plus loin dans la personnalisation avec les empreintes digitales et palmaires on augmente la précision du portrait tempéramental tout comme on peut distinguer dans la population des Français : les Bretons, les Basques, les Alsaciens, les Corses.

Les empreintes digitales

Les cinq types d'empreintes digitales

Sans se montrer totalement identiques[1], deux empreintes digitales peuvent s'avérer similaires, c'est-à-dire appartenir au même type de dessin. Cinq catégories d'empreintes constituent notre classification[2] : la boucle, la spirale, la double boucle, l'ellipse et l'arche. La boucle, la plus courante, est présente dans les mains de 60 % de la population mondiale. En revanche, seulement 5 % des personnes possèdent l'empreinte digitale en forme d'arche.

Pour la biométrie, comme pour la police technique et scientifique, une seule empreinte suffit pour identifier un individu. Pour la Manutypologie® en revanche, il faut analyser les empreintes des dix doigts afin de cerner et comprendre sa personnalité innée. En effet, les empreintes digitales des cinq doigts de la main ne sont pas automatiquement semblables. Une personne peut ainsi posséder une spirale sur le pouce, une arche sur l'index et des boucles sur les autres doigts.

La symétrie de similarité des empreintes entre la main gauche et la main droite n'est pas la norme non plus. Un individu dont le pouce gauche s'orne d'une spirale peut posséder une double boucle sur le pouce droit. Pour une interprétation manutypologique correcte de l'empreinte digitale, il est impératif de tenir compte de sa présence dans la main gauche ou la main droite.

Dans le cas de cohabitation de plusieurs types d'empreintes digitales sur une même main, il convient de donner dans son interprétation une importance plus grande aux empreintes dont la fréquence mondiale est la plus faible. Ainsi une arche sur l'un des cinq doigts aura plus de poids que des boucles sur les quatre autres doigts.

---

1. Il existe une chance sur 64 milliards que deux personnes aient des empreintes parfaitement identiques.
2. La police et la médecine classent les empreintes digitales en seulement trois catégories : boucles, arches et tourbillons. Cette dernière englobe ce que nous nommons spirale, double boucle et ellipse.

CINQ TYPES DE DESSIN D'EMPREINTES

BOUCLE

Fréquence : 60 %
de la population mondiale

SPIRALE

Fréquence : 15 %
de la population mondiale

DOUBLE BOUCLE

Fréquence : 10 %
de la population mondiale

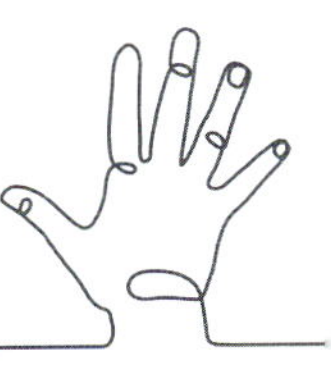

CINQ TYPES DE DESSIN D'EMPREINTES (SUITE)

ELLIPSE

Fréquence : 10 %
de la population mondiale

ARCHE

Fréquence : 5 %
de la population mondiale

EMPREINTES COMBINÉES

cf. les dessins
des empreintes combinées

Fréquence : 5 %
de la population mondiale

L'orientation de la boucle

Pour se trouver dans la norme, la boucle doit être orientée à droite sur la main gauche et à gauche sur la main droite, sinon elle est dite « inversée ».

Main gauche boucle à droite		BOUCLE		Main droite boucle à gauche
		**Orientation de l'empreinte selon la main gauche ou la main droite.**		

La double boucle en forme de Z ou de S

Sur les doigts de la main droite ce type d'empreinte s'avère dans la norme si elle ressemble à la lettre S. Dans la main gauche la double boucle se présente normalement sous la forme d'un Z. Si ce n'est pas le cas, elle est dite « inversée ».

Main gauche Double boucle en « S »		DOUBLE BOUCLE		Main droite Double boucle en « Z »
		**Orientation de l'empreinte selon la main gauche ou la main droite.**		

IMPORTANT : l'orientation de l'empreinte digitale telle que nous vous la présentons doit être regardée comme si vous l'observiez directement sur vos doigts. La prise d'empreintes sur papier inverse l'orientation droite-gauche. De même, l'image que vous avez de vous dans un miroir se trouve inversée par rapport à ce que les autres ont comme vision de vous.

L'orientation des dessins d'empreintes digitales

L'orientation des empreintes digitales se considère par rapport à un axe vertical qui permet à une empreinte digitale d'être vue telle quelle ou vue inversée de gauche à droite comme la photo d'un visage pourrait l'être.

Deux des cinq empreintes digitales sont concernées par le critère de l'orientation droite-gauche : la boucle et la double boucle.

La boucle inversée

Il faut comparer les boucles de vos deux mains : celles de la main gauche sont ouvertes en descendant vers la droite et celles de main droite ouvertes vers la gauche. Dans les deux cas, main gauche et main droite, une empreinte en forme de boucle est positionnée vers le bord interne de la main. Il s'agit de la norme.

Cas plus rare, environ deux fois moins courant que la boucle « classique », il existe des boucles qui ne la respectent pas. Il s'agit alors d'une « boucle inversée » possédant une position opposée à la norme.

La fréquence de la boucle inversée

La fréquence de la boucle inversée diffère d'un doigt à l'autre. Sur l'index, le cas s'avère plus courant. Il s'en trouve parfois sur le majeur et l'annulaire, plus rarement sur l'auriculaire.

	Boucle	Boucle inversée
Pouce	Courant	Jamais*
Index	Courant	Parfois
Majeur	Courant	Rare
Annulaire	Courant	Très rare
Auriculaire	Courant	Jamais*

(*) Jamais observée à ce jour

La double boucle

Dans la main droite, une double boucle dans la norme se présente sous la forme d'un S. Dans la main gauche, elle ressemble plutôt à un Z aux angles arrondis.

La double boucle inversée

Dans le cas où la double boucle est inversée, le Z se trouve dans la main droite et le S dans la main gauche.

Les empreintes digitales combinées

Outre les cinq dessins types de base, d'autres dessins d'empreintes digitales s'observent : les empreintes combinées. Deux dessins, voire trois, peuvent s'associer sur un même doigt.

Il convient de combiner aussi l'interprétation psychologique des empreintes concernées.

1 La boucle incluant un autre type d'empreinte

BOUCLE		SPIRALE		Boucle + Spirale
	+		=	

BOUCLE		DOUBLE BOUCLE		Boucle + Double boucle
	+		=	

2 La spirale incluant un autre type d'empreinte

SPIRALE		DOUBLE BOUCLE		Spirale + Double boucle
	+		=	

SPIRALE		ELLIPSE		Spirale + Ellipse
	+		=	

AVERTISSEMENT : Dans ce cas particulier, l'empreinte ne se montre ni assez ronde pour être exclusivement classée dans les spirales, ni assez allongée pour appartenir à la famille des ellipses.

À ce jour aucune empreinte en forme de double boucle incluant un autre type d'empreinte n'a été répertoriée.

3 L'ellipse incluant un autre type d'empreinte

ELLIPSE		DOUBLE BOUCLE		Ellipse + Double boucle
	+		=	

À ce jour aucune autre empreinte en forme d'ellipse incluant un autre type d'empreinte que la double boucle n'a été répertoriée.

4 L'arche incluant un autre type d'empreinte

ARCHE		BOUCLE		Arche + Boucle
	+	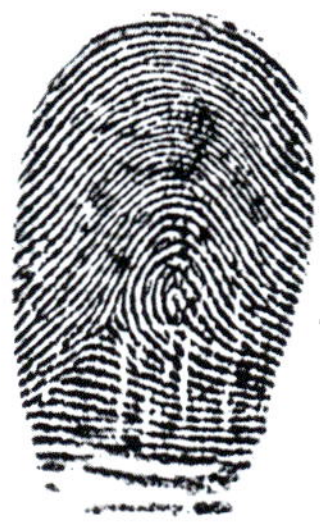	=	

ARCHE		SPIRALE		Arche + Spirale
	+		=	

5 Cas particuliers de combinaisons de trois types d'empreintes

Comme vu précédemment, la spirale peut s'intégrer à une boucle qui elle-même peut **s'inclure** dans une arche. Cela donne donc une spirale dans une boucle dans une arche.

ARCHE		BOUCLE		SPIRALE
	+		+	
		=		
				**= Arche** **+ boucle** **+ Spirale**

De même la double boucle peut être intégrée à une spirale qui elle-même peut s'inclure dans une arche. Cela donne une triple empreinte : double boucle dans une spirale dans une arche.

ARCHE		SPIRALE		DOUBLE BOUCLE
	+		+	
		=		
				**= Arche** **+ Spirale** **+ Double boucle**

À RETENIR

- Les empreintes digitales sont classables selon cinq types de dessin de base : boucle, spirale, double boucle, ellipse, arche.
- La fréquence des empreintes digitales dans la population mondiale s'avère inégale : boucle 60 %, spirale 15 %, double boucle 10 %, ellipse 10 %, arche 5 %.
- Différents types d'empreintes peuvent se trouver sur les doigts d'une même main.
- Les types d'empreintes digitales ne sont pas automatiquement symétriques sur les deux mains d'une même personne.
- Deux ou trois types d'empreintes digitales peuvent se combiner sur un même doigt.
- Deux des cinq empreintes digitales présentent une orientation inversée entre la main gauche et la main droite : la boucle et la double boucle.

Les empreintes palmaires

Les stries de la peau dans la paume peuvent receler et révéler des dessins assez proches des types d'empreintes digitales : des boucles, des spirales ou des doubles boucles. Ces « palmoglyphes » – les empreintes digitales se nomment aussi « digitaloglyphes » – s'observent dans différents espaces de la paume.

L'espace interdigital

Les palmoglyphes se trouvent surtout dans cet espace de la paume, à la base des doigts. La boucle interdigitale s'observe couramment entre l'annulaire et l'auriculaire, parfois entre le majeur et l'annulaire et presque jamais entre l'index et le majeur. On peut aussi y trouver des spirales mais jamais de dessin en forme de double boucle.

Ces deux types de dessin peuvent cohabiter à la base des doigts, par exemple une boucle entre l'annulaire et l'auriculaire et une spirale entre le majeur et l'annulaire. Là encore la symétrie entre la main gauche et la main droite n'est pas la norme.

Dans le bas de la paume

On observe aussi dans le bas de la paume, à l'opposé du pouce, des palmoglyphes en forme de boucle, de spirales ou même de double boucle.

À la base du pouce

Sur le mont à la base du pouce, on peut observer, plus rarement, des dessins en forme de boucle, de spirale ou, presque jamais, de double boucle.

Certains palmoglyphes n'ont pas, au vu de nos recherches, révélé tous leurs secrets en matière d'interprétation psychogénétique.

Cependant, il peut être intéressant de les repérer dans une optique de psychogénéalogie génétique afin d'identifier les dessins marquants et fréquents dans une même famille.

PALMOGLYPHES INTERDIGITAUX : DEUX BOUCLES ET UNE SPIRALE

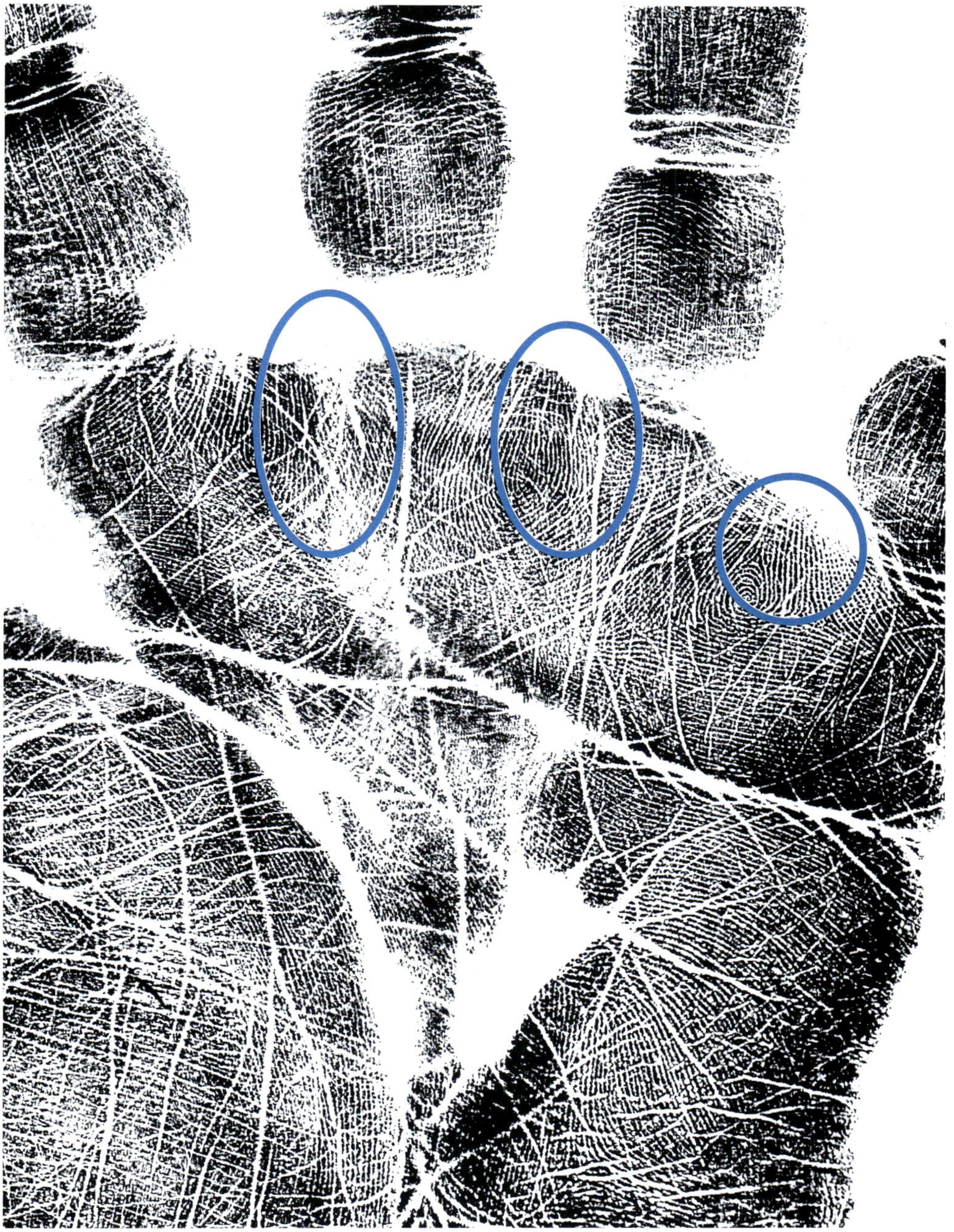

UNE BOUCLE INTERDIGITALE ET UNE BOUCLE INTERNE

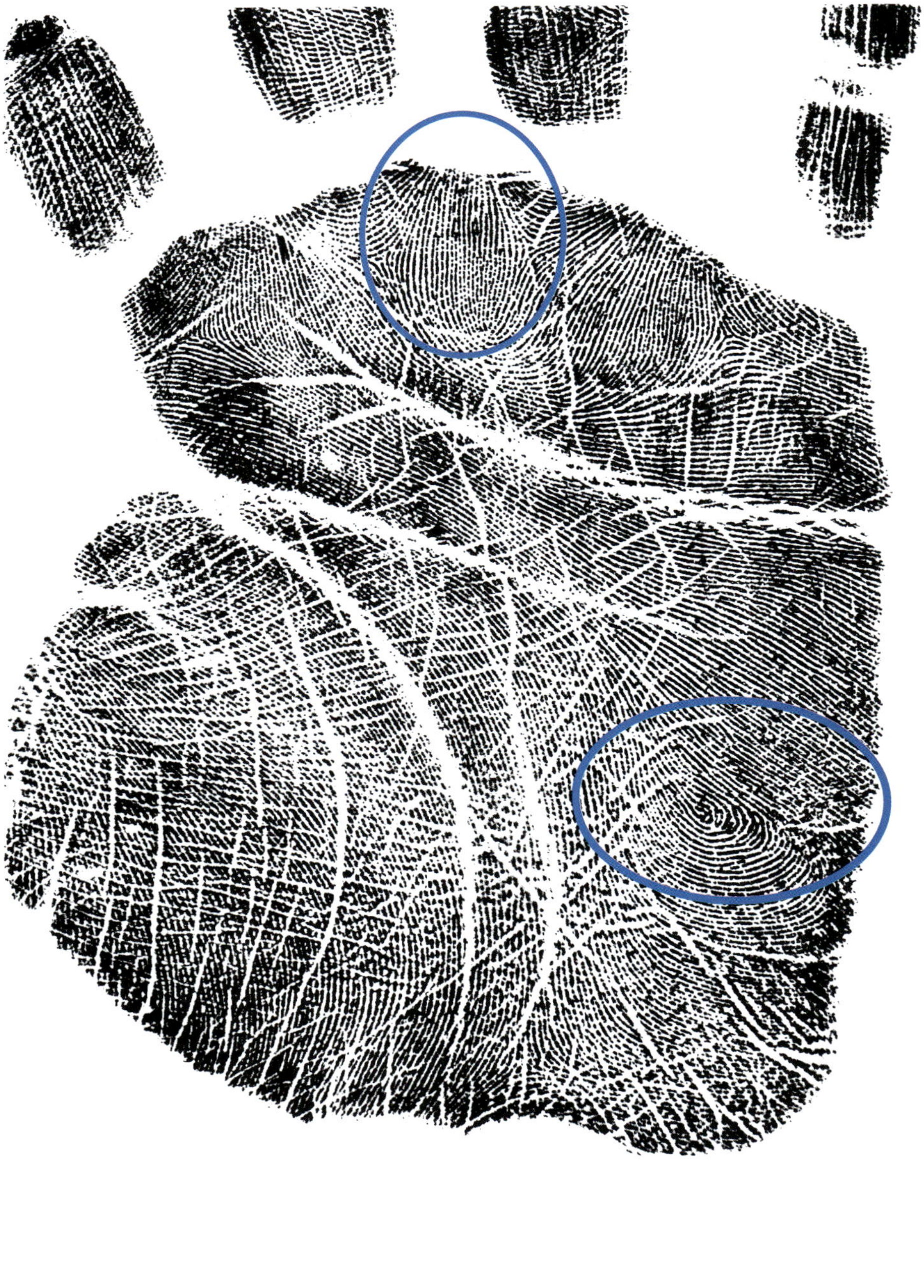

UNE BOUCLE INTERDIGITALE ET UNE BOUCLE EXTERNE

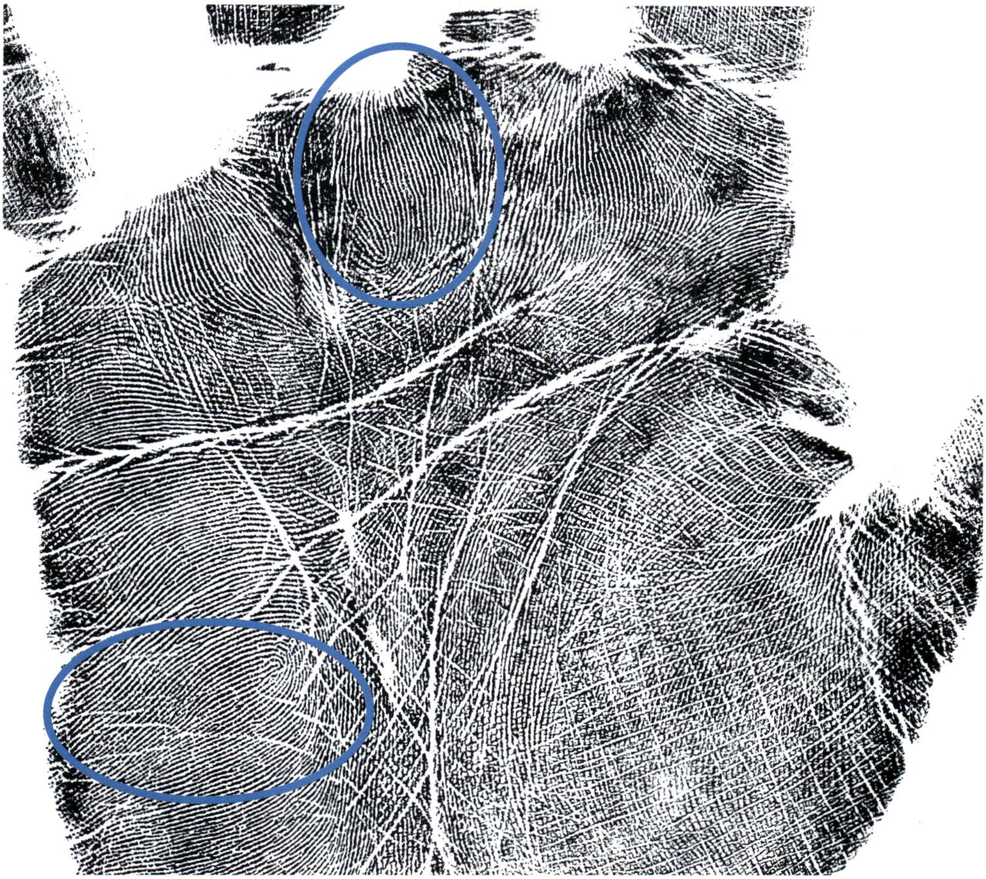

À RETENIR

- Les empreintes palmaires sont classables selon trois types de dessin : boucle, spirale, double boucle.
- Les empreintes palmaires peuvent être de différents types dans une même paume.
- Les empreintes palmaires ne sont pas automatiquement symétriques sur les deux paumes d'une même personne.
- Les empreintes palmaires sont surtout placées dans les espaces interdigitaux et en bas de la paume, à l'opposé du pouce et plus rarement à la base du pouce.

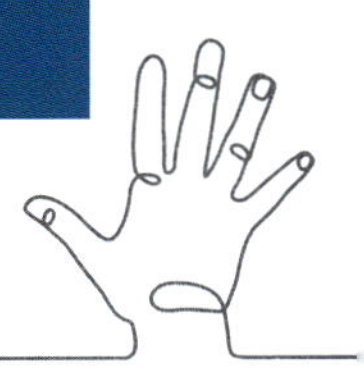

PARTIE 5

COMPRENDRE LA PERSONNALITÉ INNÉE

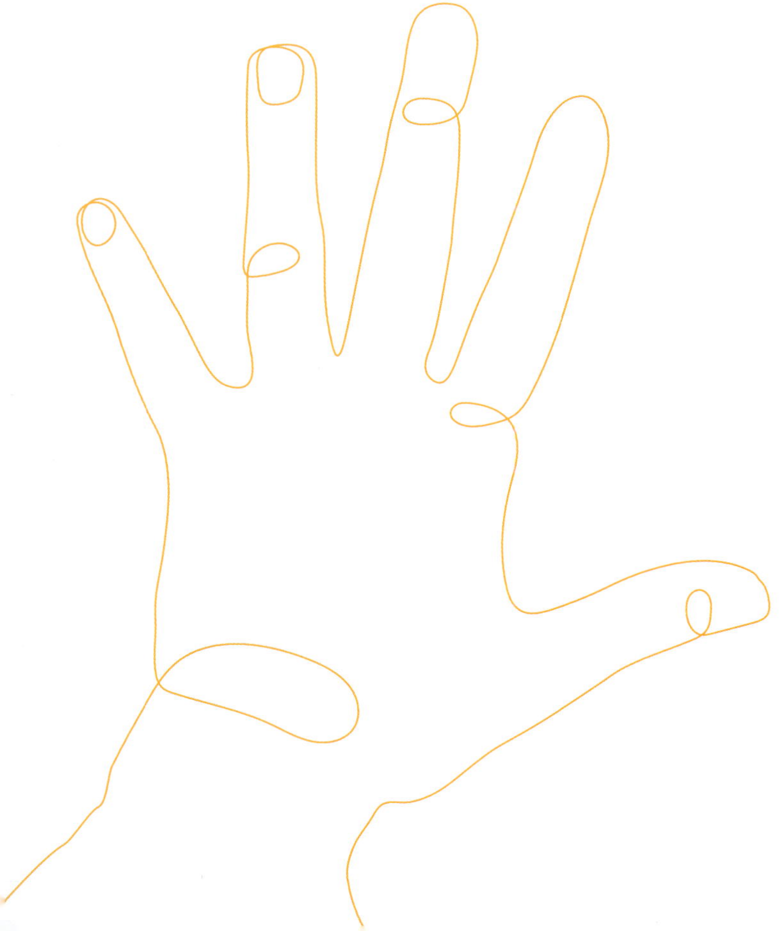

L’autonomie

L’autonomie selon le tempérament

L’autonomie se conçoit à la fois comme une capacité d’action physique et comme une aptitude psychologique. Ces deux notions se montrent interdépendantes.

La capacité d’action

Une métaphore automobile permet de comprendre sur quoi repose la capacité d’action. Disposer à la fois de son propre moteur et de sa propre énergie permet à la voiture d’être « auto-mobile ». Transposés à l’être humain, le dynamisme joue le rôle du moteur et l’énergie celui du carburant qui l’alimente :

Automobile	Personne
Carburant	Énergie
Moteur	Dynamisme

Associer la chaleur des mains à l’énergie et le degré de moiteur des mains au dynamisme permet de détecter l’autonomie d’action d’un individu :

Caractéristiques des mains	Personne
Mains chaudes	Énergie disponible
Mains sèches	Dynamisme fort

AUTONOMIE D'ACTION

PENSEUR

MAINS FROIDES ET SÈCHES

DEMI-AUTONOMIE

Énergie (-)
Dynamisme (+)

ORGANISATEUR

MAINS CHAUDES ET SÈCHES

AUTONOMIE

Énergie (+)
Dynamisme (+)

DÉVELOPPEUR

MAINS CHAUDES ET MOITES

DEMI-AUTONOMIE

Énergie (+)
Dynamisme (-)

CONTINUATEUR

MAINS FROIDES ET MOITES

NON-AUTONOMIE

Énergie (-)
Dynamisme (-)

Cette dualité détermine quatre capacités d'action en accord avec les quatre tempéraments.

ORGANISATEUR

Mains chaudes et sèches. Énergie (+) Dynamisme (+)

L'association de l'énergie en permanence disponible et d'un dynamisme opérationnel confère à votre tempérament l'autonomie d'action. Nul besoin pour vous de vous énergiser au contact des autres.

PENSEUR

Mains froides et sèches. Énergie (-) Dynamisme (+)

Ne disposant que du dynamisme votre tempérament puise dans l'action l'énergie qui lui manque. L'inaction et le repos vous épuisent alors que l'action vous dynamise.

DÉVELOPPEUR

Mains chaudes et moites. Énergie (+) Dynamisme (-)

Votre énergie est forte mais doit, pour se montrer productive, s'investir dans un dynamisme collectif et se voir canalisée par des projets. Le besoin de se dépenser est permanent pour votre tempérament.

CONTINUATEUR

Mains froides et moites. Énergie (-) Dynamisme (-)

Ne disposant ni de l'énergie ni du dynamisme, votre tempérament accepte que sa capacité d'action soit alimentée par le dynamisme collectif.

AUTONOMIE PSYCHOLOGIQUE

PENSEUR
INDÉPENDANCE D'ESPRIT
Besoin de se sentir libre

ORGANISATEUR
AUTONOMIE D'ACTION
Besoin d'être autonome

DÉVELOPPEUR
INDÉPENDANCE D'ACTION
Besoin d'être libre

CONTINUATEUR
DÉPENDANCE
Besoin de se sentir protégé

L'autonomie psychologique

L'autonomie est aussi psychologique. Il faut alors distinguer autonomie et indépendance. L'usage courant les confond souvent, or leurs définitions contiennent des nuances à ne pas négliger.

Indépendance :

État de quelqu'un qui n'est tributaire de personne sur le plan matériel, moral et intellectuel.

Autonomie :

Capacité d'un individu, d'un système à se gouverner lui-même selon ses propres règles.

Ainsi l'indépendance indique une liberté vis-à-vis des autres quand l'autonomie renvoie à une liberté de se gérer soi-même.

Concernant notre méthode la nuance est plus tranchée :

Avoir besoin d'autonomie s'assimile à se trouver dans un château fort que l'on gouverne et dont on accepte d'être prisonnier afin de rester fort et invulnérable. Cela implique un refus de la possibilité de sortir du domaine par peur de s'aventurer dans des environnements que l'on ne maîtrise pas. L'autonomie limite donc la liberté.

L'indépendance à l'inverse, correspond à disposer de la liberté d'aller et venir en dehors du château fort ou d'en changer en permanence. On renonce à sa solidité pour privilégier la possibilité de circuler sans restriction d'une forteresse à une autre afin de ne pas se sentir prisonnier.

Cette distinction entre l'autonomie et l'indépendance en appelle une seconde : l'indépendance d'action et l'indépendance d'esprit.

Pour certaines personnes, l'indépendance implique le besoin de l'état de liberté, alors que d'autres se satisfont du seul sentiment de liberté. Dans le premier cas la liberté d'agir répond au besoin d'indépendance, dans le second la liberté de penser suffit pour se sentir libre.

ORGANISATEUR

L'autonomie se révèle pour vous une nécessité vitale et votre manière d'être. Vous renoncez à la capacité d'agir en totale liberté car votre tendance naturelle vous pousse à accepter de vous voir prisonnier des limites que vous vous donnez, lié par des règles que vous avez vous-même édictées.

PENSEUR

L'indépendance d'esprit est votre valeur première. Nul besoin pour vous d'être libre, le sentiment de liberté vous suffit amplement et personne ne peut vous le ravir. Il s'exprime et s'épanouit par votre tendance à la dispersion intellectuelle, de manière simultanée, avec des centres d'intérêt très divers.

DÉVELOPPEUR

L'indépendance d'action est votre moteur. Elle s'exprime par une constante liberté de mouvement. Le carcan de règles strictes et définitives n'est pas fait pour vous et vous les outrepassez souvent par jeu, parfois par provocation. Votre nette tendance à l'improvisation confirme votre plaisir de ne suivre aucun plan.

CONTINUATEUR

Ni l'autonomie ni l'indépendance ne sont pour vous un but à atteindre. Au contraire vous choisissez la sécurisante dépendance vis-à-vis de ceux qui peuvent satisfaire dans la durée votre besoin de vous sentir protégé. Vous acceptez volontiers les règles qui, de votre point de vue, devraient s'imposer à tous.

L'autonomie selon les empreintes digitales

ORGANISATEUR

Empreintes renforçant ce tempérament :

- → **SPIRALE** : conforte l'envie d'autonomie et d'invulnérabilité.
- → **DOUBLE BOUCLE** : augmente la passion de la perfection.

Empreintes nuançant l'interprétation :

- → **BOUCLE** : donne plus de souplesse à la volonté de tout maîtriser.
- → **ELLIPSE** : ajoute un besoin de sécurité.
- → **ARCHE** : amoindrit le goût du pouvoir.

PENSEUR

Empreinte renforçant ce tempérament :

- → **ARCHE** : accroît l'envie de se sentir libre.

Empreintes nuançant l'interprétation :

- → **SPIRALE** : amoindrit le pragmatisme.
- → **BOUCLE** : additionne l'adaptabilité au sens de l'anticipation.
- → **ELLIPSE** : accentue le besoin de se sentir en sécurité.
- → **DOUBLE BOUCLE** : intensifie l'attrait pour la liberté.

DÉVELOPPEUR

Empreintes renforçant ce tempérament :

- → **BOUCLE** : conforte le besoin d'indépendance.
- → **DOUBLE BOUCLE** : augmente la volonté d'aller toujours plus loin.

Empreintes nuançant l'interprétation :

- → **SPIRALE** : amoindrit la dispersion dans l'action.
- → **ARCHE** : compense l'improvisation par l'anticipation.
- → **ELLIPSE** : amenuise l'esprit d'indépendance.

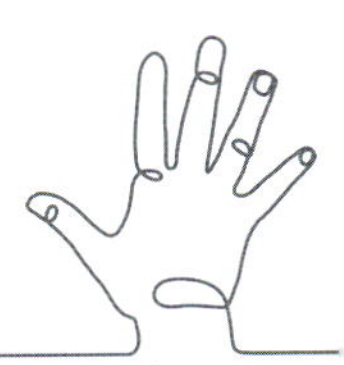

CONTINUATEUR

Empreinte renforçant ce tempérament :

- ➔ ELLIPSE : accentue l'envie de routine et de sécurité.

Empreintes nuançant l'interprétation :

- ➔ SPIRALE : donne plus d'autonomie.
- ➔ BOUCLE : ajoute un peu d'improvisation et d'insouciance.
- ➔ ARCHE : signale un rejet de la routine et des actions collectives.
- ➔ DOUBLE BOUCLE : pousse à prendre des risques malgré le besoin de sécurité.

CONFORTER OU IMPACTER L'INTERPRÉTATION AVEC LES EMPREINTES DIGITALES

EMPREINTES DIGITALES	CONFORTE LES TEMPÉRAMENTS	*IMPACT DE L'EMPREINTE DANS L'INTERPRÉTATION SELON LES TEMPÉRAMENTS*
BOUCLE	Renforce le tempérament DÉVELOPPEUR	***Accentue la recherche de liberté d'action.***
SPIRALE	Renforce le tempérament ORGANISATEUR	***Accentue la recherche d'autonomie.***
DOUBLE BOUCLE	Renforce les tempéraments DÉVELOPPEUR et ORGANISATEUR	***Accentue l'improvisation et le goût du risque.***
ELLIPSE	Renforce le tempérament CONTINUATEUR	***Accentue l'envie d'être protégé.***
ARCHE	Renforce le tempérament PENSEUR	***Accentue le besoin d'indépendance d'esprit.***

Types d'intelligence

Le type d'intelligence selon le tempérament

Critères prioritaires	**Critères complémentaires**
Nombre de lignes	Moiteur des mains
Profondeur des lignes	Longueur des doigts

Les lignes

La Manutypologie® ne permet d'évaluer ni le QI d'une personne ni la puissance de son intelligence. En revanche la forme d'intelligence innée peut être cernée selon les caractéristiques des lignes.

Le nombre de lignes

Le monde se partage en deux : d'un côté les personnes accordant en priorité leur attention aux informations qu'elles jugent essentielles, de l'autre celles considérant comme impératif de prendre en compte la totalité des données d'un problème ou d'une situation. Les premières possèdent en général dans leurs paumes des lignes en nombre restreint, alors qu'à l'inverse les secondes possèdent de très nombreuses lignes.

Caractéristiques des lignes	L'intelligence est concentrée sur
Lignes peu nombreuses	L'essentiel des données
Lignes très nombreuses	La totalité des données

TYPE D'INTELLIGENCE

Lignes nombreuses

PENSEUR

LIGNES FINES ET NOMBREUSES

COMPRENDRE LA COHÉRENCE

Analyse et esprit logique
Sens critique et anticipation

ORGANISATEUR

LIGNES PROFONDES ET NOMBREUSES

COMPRENDRE L'EFFICACITÉ

Esprit pragmatique
Sens de la synthèse

DÉVELOPPEUR

LIGNES PROFONDES ET PEU NOMBREUSES

DÉCOUVRIR L'ÉTONNANT

Vision globale et intuitive
Sens de l'humain

CONTINUATEUR

LIGNES FINES ET PEU NOMBREUSES

CONNAÎTRE L'UTILE

Goût de la méthode
Sens critique utilitariste

Lignes peu nombreuses

La profondeur des lignes

Deux types d'intelligence s'opposent : l'intelligence conceptuelle et l'intelligence pratique. Selon nos études statistiques, les lignes fines se relient à la première, les lignes profondes à la seconde.

Caractéristiques des lignes	Types d'intelligence
Lignes fines	Intelligence conceptuelle
Lignes profondes	Intelligence pratique

La combinaison de ces deux caractéristiques de lignes, nombre et profondeur, cadre avec les quatre tempéraments d'Hippocrate et définit quatre approches intellectuelles :

ORGANISATEUR

Lignes profondes et nombreuses.

Votre intelligence est pratique, orientée vers l'efficacité. Votre esprit de synthèse facilite une vision globale combinée à un état des lieux complet.

PENSEUR

Lignes fines et nombreuses.

Votre intelligence est conceptuelle. Vous donnez la priorité à l'analyse exhaustive et à la recherche de la cohérence pour rendre intelligibles les situations et les systèmes.

DÉVELOPPEUR

Lignes profondes et peu nombreuses.

Vous avez l'intelligence des relations et des situations. Votre esprit est pratique avec une perception intuitive associée à la curiosité de découvrir l'étonnant et le nouveau.

CONTINUATEUR

Lignes fines et peu nombreuses.

Votre intelligence conceptuelle privilégie néanmoins l'utile. Votre esprit méthodique se concentre sur ce qui vous paraît essentiel. Votre recours aux mêmes procédés efficaces vous amène à rejeter la nouveauté.

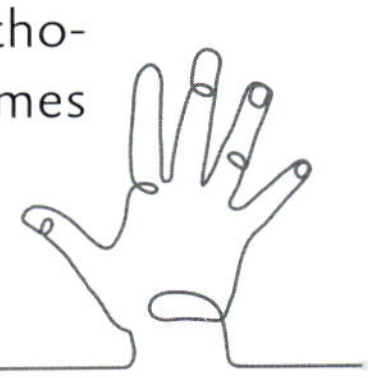

CÉRÉBRALITÉ/AFFECTIVITÉ

Mains sèches

PENSEUR

MAINS SÈCHES ET FROIDES

COMPRENDRE

La cérébralité prime sur l'affectivité et analyse les émotions

ORGANISATEUR

MAINS SÈCHES ET CHAUDES

CONTRÔLER

La cérébralité prime sur l'affectivité et maîtrise les émotions

DÉVELOPPEUR

MAINS MOITES ET CHAUDES

PARTAGER

L'affectivité prime sur la cérébralité et subjectivise la pensée

CONTINUATEUR

MAINS MOITES ET FROIDES

RESSENTIR

L'affectivité prime sur la cérébralité et conditionne la pensée

Mains moites

La moiteur des mains

Il faut tordre le cou à une idée reçue : les mains moites caractériseraient des personnes stressées, inquiètes ou mal dans leur peau.

Selon nos constats statistiques, les mains moites appartiennent à des personnes dont l'affectivité prime sur la cérébralité.

De plus, elles caractérisent les personnes plutôt optimistes et parfois même insouciantes, contrairement à des idées fausses hélas répandues.

À l'inverse, les mains sèches sont observées en priorité dans les groupes de personnes prévoyantes et prudentes.

Caractéristiques des mains	Cérébralité/affectivité
Mains sèches	La cérébralité prime sur l'affectivité
Mains moites	L'affectivité prime sur la cérébralité

Concernant le critère de la moiteur, les tempéraments s'associent deux à deux.

1 L'**ORGANISATEUR** et le **PENSEUR** aux mains sèches d'une part.

ORGANISATEUR

Mains sèches et chaudes

Votre cérébralité prime sur votre affectivité et vous permet de maîtriser vos émotions.

PENSEUR

Mains sèches et froides

Votre cérébralité prime sur l'affectivité et vous permet de comprendre vos émotions.

2 Le **DÉVELOPPEUR** et le **CONTINUATEUR** aux mains moites d'autre part.

DÉVELOPPEUR

Mains moites et chaudes

Votre affectivité prime sur votre cérébralité et colorie la pensée d'un enthousiasme subjectif souvent communicatif.

CONTINUATEUR

Mains moites et froides

Votre affectivité prime sur votre cérébralité et conditionne vos pensées et analyses.

La longueur des doigts

La longueur des doigts se conçoit donc en comparaison de celle de la paume. Des doigts moyens, dans la norme, possèdent un majeur dont la longueur représente 80 % de celle de la paume.

Les doigts longs caractérisent des personnes prenant de la hauteur et donnant la priorité aux idées.

Les doigts courts correspondent à des personnes ayant les pieds sur terre et donnant la priorité à l'action et au concret.

Caractéristiques des doigts	Cérébralité/affectivité
Doigts longs	Priorité aux idées
Doigts moyens	Équilibre idées-action
Doigts courts	Priorité à l'action

IDÉES/ACTION

Doigts longs

PENSEUR

DOIGTS LONGS ET PAUME ÉTROITE

ANTICIPER

Priorité aux idées pour donner du sens à l'action

ORGANISATEUR

DOIGTS LONGS ET PAUME LARGE

PRÉVOIR

Priorité aux idées pour bien organiser l'action

DÉVELOPPEUR

DOIGTS COURTS ET PAUME LARGE

IMPROVISER

Priorité à l'action pour le plaisir d'improviser

CONTINUATEUR

DOIGTS COURTS ET PAUME ÉTROITE

AGIR

Priorité à l'action pour ne pas se poser de questions

Doigts courts

L'entrecroisement des doigts

PRÉFÉRENCE CÉRÉBRALE DROITE : index gauche sur droit

Les personnes index gauche sur droit sont par nature plutôt intuitives, affectives, visuelles et apprennent par la mise en œuvre. Leur style de décision repose sur l'action. Elles expérimentent pour comprendre et agissent pour lever le doute. Nos recensements montrent que 90 % des hommes chefs d'entreprise et dirigeants politiques entrecroisent les doigts de cette manière.

Pour les hommes, la préférence cérébrale droite les place dans une minorité – 33 % des hommes – mais leur donne plus de confiance en eux et de dynamisme car ils sont moins freinés par le doute.

PRÉFÉRENCE CÉRÉBRALE GAUCHE : index droit sur gauche

Les personnes index droit sur gauche sont par nature logiques, rationnelles et pragmatiques. Elles veulent comprendre la théorie pour pouvoir mettre en œuvre. Leur style de décisions repose sur la réflexion car leur souhait est de lever le doute avant l'action, donc comprendre pour agir en connaissance de cause. 90 % des femmes chefs d'entreprise et des dirigeantes politiques entrecroisent les doigts de cette manière. Une observation corroborée lors de notre présence au *Women's Forum*, cette organisation nous ayant aimablement offert un stand gracieux à plusieurs reprises.

Pour les femmes, la préférence cérébrale gauche les place dans une minorité – 33 % des femmes – mais les rend moins vulnérables par l'affectivité car elles cherchent à avoir plus de contrôle sur leurs émotions.

LA COHÉRENCE ENTRE L'ENTRECROISEMENT ET LA MOITEUR DES MAINS

	Index gauche sur droit	Index droit sur gauche
Mains sèches **ORGANISATEUR** et **PENSEUR**	*La dimension cérébrale des mains sèches est compensée par la priorité au ressenti « index gauche sur droit ».*	*La dimension cérébrale des mains sèches est renforcée par la priorité à la rationalité « index droit sur gauche ».*
	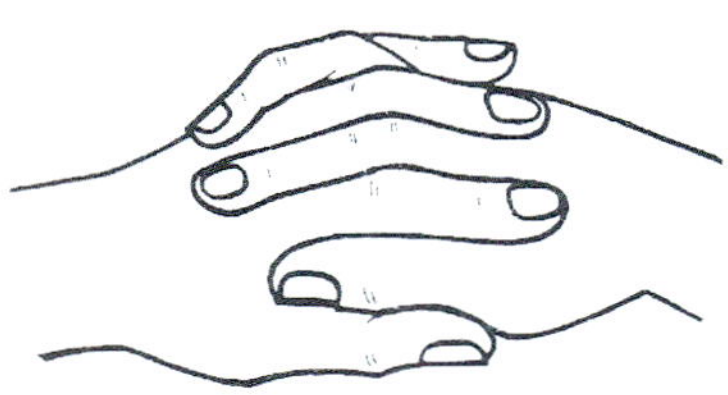	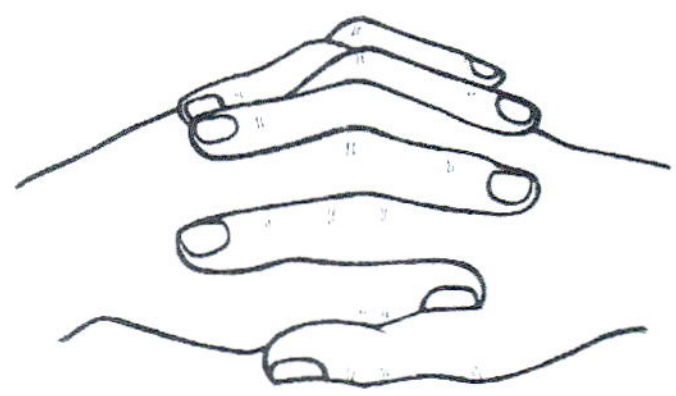
Mains moites **DÉVELOPPEUR** et **CONTINUATEUR**	*La dimension affective des mains moites est renforcée par la priorité au ressenti « index gauche sur droit ».*	*La dimension affective des mains moites est compensée par la priorité à la rationalité « index droit sur gauche ».*

À RETENIR
SUR LE TYPE D'INTELLIGENCE SELON LE TEMPÉRAMENT

- Les lignes fines sont orientées vers l'analyse conceptuelle, les lignes profondes vers la synthèse et le pragmatisme.
- Les lignes peu nombreuses priorisent ce qui leur paraît essentiel.
- Les lignes nombreuses privilégient l'exhaustivité.
- Mains sèches : la pensée prime sur l'affectivité et maîtrise et/ou analyse l'émotion.
- Mains moites : l'affectivité prime sur la cérébralité et conditionne la pensée.
- Doigts longs : priorité aux idées.
- Doigts courts : priorité à l'action et au concret.
- Index droit sur gauche : comprendre pour agir.
- Index gauche sur droit : agir pour comprendre.

Le type d'intelligence selon les empreintes digitales

ORGANISATEUR

Empreintes renforçant ce tempérament :

- **SPIRALE** : augmente le pragmatisme, le perfectionnisme et l'esprit de synthèse.
- **DOUBLE BOUCLE** : accentue la dimension idéaliste du perfectionnisme.

Empreintes nuançant l'interprétation :

- **BOUCLE** : assouplit l'envie de tout maîtriser.
- **ELLIPSE** : ajoute un besoin de sécurité.
- **ARCHE** : donne plus de sens critique.

PENSEUR

Empreinte renforçant ce tempérament :

- **ARCHE** : intensifie l'envie de se sentir libre.

Empreintes nuançant l'interprétation :

- **SPIRALE** : octroie plus de pragmatisme.
- **BOUCLE** : additionne le sens de l'adaptabilité à celui de l'anticipation.
- **ELLIPSE** : augmente le besoin de se sentir en sécurité.
- **DOUBLE BOUCLE** : permet plus d'improvisation.

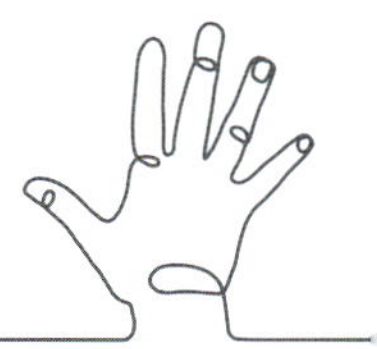

DÉVELOPPEUR

Empreintes renforçant ce tempérament :

- **BOUCLE** : conforte le besoin d'indépendance.
- **DOUBLE BOUCLE** : augmente la passion de la perfection.

Empreintes nuançant l'interprétation :

- **SPIRALE** : amenuise la dispersion dans l'action.
- **ARCHE** : compense l'improvisation par l'anticipation.
- **ELLIPSE** : amoindrit l'esprit d'indépendance.

CONTINUATEUR

Empreinte renforçant ce tempérament :

- **ELLIPSE** : augmente le besoin de routine et de sécurité.

Empreintes nuançant l'interprétation :

- **SPIRALE** : octroie plus d'autonomie.
- **BOUCLE** : favorise un peu d'improvisation et d'insouciance.
- **ARCHE** : ajoute un rejet de la routine et des actions collectives.
- **DOUBLE BOUCLE** : donne un peu plus le goût du risque *via* le perfectionnisme.

CONFORTER OU IMPACTER L'INTERPRÉTATION AVEC LES EMPREINTES DIGITALES

EMPREINTES DIGITALES	CONFORTE LES TEMPÉRAMENTS	*IMPACT DE L'EMPREINTE DANS L'INTERPRÉTATION SELON LES TEMPÉRAMENTS*
BOUCLE	Renforce le tempérament **DÉVELOPPEUR**	***Confirme l'intelligence intuitive, la vision globale instantanée.***
SPIRALE	Renforce le tempérament **ORGANISATEUR**	***Confirme le pragmatisme, l'esprit de synthèse et le perfectionnisme.***

EMPREINTES DIGITALES	CONFORTE LES TEMPÉRAMENTS	*IMPACT DE L'EMPREINTE DANS L'INTERPRÉTATION SELON LES TEMPÉRAMENTS*
DOUBLE BOUCLE	Renforce les tempéraments **DÉVELOPPEUR** et **ORGANISATEUR**	***Confirme le goût du risque dans le perfectionnisme.***
ELLIPSE	Renforce le tempérament **CONTINUATEUR**	***Confirme l'intelligence méthodique orientée vers l'utile.***
ARCHE	Renforce le tempérament **PENSEUR**	***Confirme le sens critique et celui de l'analyse, l a recherche de cohérence.***

Le style relationnel

Le style relationnel selon le tempérament

La Manutypologie® ne permet d'évaluer ni le bien ni le mal. Mère Teresa et Hitler possédaient peut-être des mains avec des similarités alors que ces deux personnes emblématiques se montrèrent en totale opposition dans les choix de leur conscience. Nous ne le répéterons jamais assez : il n'y a pas de jugement de valeur dans la description des tempéraments. L'étude des caractéristiques des mains ne peut en aucun cas déceler le vice et la vertu car ces dispositions ne relèvent en aucune façon de la génétique. Notre approche indique uniquement des tendances innées de comportement possédant un impact issu du naturel sur le style relationnel.

Le comportement relationnel

Le comportement relationnel se trouve en partie conditionné par le lien entretenu par chacun avec la solitude. Nous n'avons pas tous le même ressenti face à cette composante de la vie. Pour certains, elle peut s'avérer bénéfique, par exemple dans le cadre d'une retraite spirituelle, pour d'autres, adeptes de la compagnie, se révéler une source de dépression. D'aucuns ont besoin d'isolement sur le plan privé en compensation d'une sociabilité professionnelle permanente. Ou l'inverse.

ORGANISATEUR

Mains sèches et chaudes, paumes larges et carrées.

RELATION À LA SOLITUDE

Paradoxalement, ce tempérament s'avère si autonome qu'il n'a besoin de personne pour le protéger, le cadrer ou l'aider, au point de vivre sans angoisse la solitude choisie. Mais en même temps il est très protecteur et nécessite que les autres aient besoin de lui comme une locomotive doit tracter des wagons pour justifier son utilité.

COMPORTEMENT DANS UN GROUPE

Ne supportant de dépendre ni de la dynamique du groupe, ni de la volonté d'une seule personne, ce tempérament est porté à prendre le contrôle toujours et partout. Exigeant avec lui-même, il l'est tout autant avec les autres. Pas question que quiconque le mette en position de faiblesse. Pour lui le groupe constitue une organisation, qui comme telle, doit être… organisée !

EN AMITIÉ

Ses critères de choix : fiabilité, constance, sens des réalités. Ce tempérament éprouve des difficultés à créer des amitiés avec les personnes fantasques, rêveuses, idéalistes. Il préfère les personnes aux pieds sur terre appréciant d'aller jusqu'au bout de leurs actions.

PENSEUR

Mains sèches et froides, paumes étroites et rectangulaires.

RELATION À LA SOLITUDE

Pour ce tempérament, la solitude constitue un besoin vital. En être privé paraît la pire des punitions. Il y trouve les conditions indispensables à l'introspection, sorte de voyage intérieur pour comprendre ce qu'il vit, ressent et lui permet de réfléchir au sens de ses actions, voire de ses relations.

COMPORTEMENT DANS UN GROUPE

Électron libre dans une structure organisée, ce tempérament apprécie de bénéficier de la protection du groupe et d'œuvrer pour le bien commun à condition qu'on ne l'oblige pas à faire comme tout le monde. Il privilégie les relations individualisées. Aimant par-dessus tout se sentir libre, il exprime souvent son indépendance par son appartenance à plusieurs groupes afin d'être partout donc nulle part !

EN AMITIÉ

Ce tempérament se révèle à la fois fidèle et distant. Ayant plus besoin d'admirer que de l'être, il lui faut idéaliser l'autre pour conserver une belle et grande amitié. Dans ce but, il préfère la rareté exceptionnelle plutôt que la fréquence banale. Appréciant la solitude, il ne cherche pas le contact pour le contact et se révèle donc difficile à apprivoiser. Privilégiant les relations interpersonnelles restreintes, il n'a pas besoin que ses amis émergent du même univers ni même se connaissent. Dans la plupart des cas ils viennent de milieux différents et il les rencontre séparément, passant ainsi d'une sphère à une autre, manière de se sentir libre.

DÉVELOPPEUR

Mains moites et chaudes, paumes larges et arrondies.

RELATION À LA SOLITUDE

Rien n'est pire pour ce tempérament que de se voir contraint à la solitude. Son besoin vital est le partage : de son opinion, de son enthousiasme, de ses émotions. L'idée même de se retrouver seul avec lui-même l'angoisse. Interagir avec les autres constitue, sinon sa raison de vivre, du moins sa raison d'être.

COMPORTEMENT DANS UN GROUPE

Agir en groupe satisfait plusieurs besoins de ce tempérament. Le groupe structure d'abord son action et le cadre pour éviter son éparpillement. Ensuite cette dépendance structurelle se double d'une dépendance émotionnelle. L'équipe apparaît pour lui à la fois lieu de la solidarité – il ne peut pas être le seul heureux – et lieu de la compétition pleine d'émulation. Tel est son paradoxe.

EN AMITIÉ

Ses critères de choix sont la convivialité, l'enthousiasme et le goût du challenge. Pour ce tempérament, les amitiés constituent l'occasion de partager des passions communes et de s'engager sans retenue autour d'un sujet qui les rassemble. Il éprouve des difficultés à rester proche de personnes aimant la solitude ou exprimant le besoin de se singulariser.

CONTINUATEUR

Mains moites et froides, paumes étroites et arrondies.

RELATION À LA SOLITUDE

La solitude convient à ce tempérament dans la mesure où personne ne vient perturber sa routine personnelle, quand son besoin de tranquillité se voit satisfait par la sécurité de l'emploi ou la certitude de ne jamais manquer de rien. Sinon il préfère trouver dans le groupe l'assurance nécessaire tel le poisson dans un banc de poissons !

COMPORTEMENT DANS UN GROUPE

Le groupe fait figure de cocon protecteur nécessaire à ce tempérament pour se sentir en confiance. Il s'insère facilement dans sa dynamique avec docilité et adaptabilité sans en prendre ni le leadership ni le contrôle. Il ne se met jamais en avant, mais apprécie peu que certains en prennent à leur aise avec les règles internes.

EN AMITIÉ

Porté ni à la fantaisie ni au changement, ce tempérament garde en général tout au long de son existence les mêmes amis dans la mesure où ils partagent avec lui le goût de la douce quiétude, de la discrétion, de la sédentarité et des habitudes rassurantes.

STYLE RELATIONNEL

PENSEUR

MAINS SÈCHES ET FROIDES

PAUMES ÉTROITES ET RECTANGULAIRES

S'INSÉRER

Se singulariser dans le groupe pour se sentir libre

ORGANISATEUR

MAINS SÈCHES ET CHAUDES

PAUMES LARGES ET CARRÉES

CONTRÔLER

Prendre le contrôle du groupe pour protéger et optimiser

DÉVELOPPEUR

MAINS MOITES ET CHAUDES

PAUMES LARGES ET ARRONDIES

PARTICIPER

Dynamiser le groupe pour partager l'enthousiasme

CONTINUATEUR

MAINS MOITES ET FROIDES

PAUMES ÉTROITES ET ARRONDIES

SUIVRE

Appartenir à un groupe pour s'y sentir en sécurité

COMPORTEMENT EN AMITIÉ

PENSEUR

MAINS SÈCHES ET FROIDES

PAUMES ÉTROITES
ET RECTANGULAIRES

Difficile à apprivoiser, solitaire,
fidèle et distant

ORGANISATEUR

MAINS SÈCHES
ET CHAUDES

PAUMES LARGES
ET CARRÉES

Protéger ses amis
Être solide et fiable

DÉVELOPPEUR

MAINS MOITES
ET CHAUDES

PAUMES LARGES
ET ARRONDIES

Partager convivialité et passions
communes

CONTINUATEUR

MAINS MOITES ET FROIDES

PAUMES ÉTROITES
ET ARRONDIES

Se rassembler en se ressemblant
dans une sédentarité commune

Le style relationnel selon les empreintes digitales

ORGANISATEUR

Empreintes renforçant ce tempérament :

- SPIRALE : accroît la nécessité d'être perçu comme fiable, protecteur et déterminé.
- DOUBLE BOUCLE : augmente le besoin de se montrer perfectionniste.

Empreintes nuançant l'interprétation :

- BOUCLE : donne plus d'adaptabilité, de convivialité et de lâcher-prise.
- ELLIPSE : ajoute le besoin d'être sécurisé par des personnes fiables.
- ARCHE : individualise plus les relations en cherchant la qualité.

PENSEUR

Empreinte renforçant ce tempérament :

- ARCHE : accroît la fidélité et la sélectivité.

Empreintes nuançant l'interprétation :

- SPIRALE : fournit plus de réalisme dans les relations.
- BOUCLE : rend plus sociable.
- ELLIPSE : accentue le besoin de vivre les relations dans un contexte de sécurité.
- DOUBLE BOUCLE : accepte plus facilement l'imprévu dans les relations.

DÉVELOPPEUR

Empreintes renforçant ce tempérament :

- **BOUCLE** : conforte le besoin de sociabilité et de partage d'émotion.
- **DOUBLE BOUCLE** : intensifie le besoin de sensations et d'émotions fortes.

Empreintes nuançant l'interprétation :

- **SPIRALE** : modère l'inconstance.
- **ARCHE** : apporte plus de profondeur.
- **ELLIPSE** : amoindrit les besoins de sociabilité.

CONTINUATEUR

Empreinte renforçant ce tempérament :

- **ELLIPSE** : augmente le besoin de routine.

Empreintes nuançant l'interprétation :

- **SPIRALE** : donne une tendance plus protectrice.
- **BOUCLE** : ajoute de la sociabilité.
- **ARCHE** : octroie plus de sélectivité.
- **DOUBLE BOUCLE** : implique un peu plus de perfectionnisme.

CONFORTER OU IMPACTER L'INTERPRÉTATION AVEC LES EMPREINTES DIGITALES

EMPREINTES DIGITALES	CONFORTE LES TEMPÉRAMENTS	*IMPACT DE L'EMPREINTE DANS L'INTERPRÉTATION SELON LES TEMPÉRAMENTS*
BOUCLE	Renforce le tempérament **DÉVELOPPEUR**	***Confirme l'adaptabilité et le plaisir du partage.***
SPIRALE	Renforce le tempérament **ORGANISATEUR**	***Confirme la tendance protectrice et l'exigence.***
DOUBLE BOUCLE	Renforce les tempéraments **DÉVELOPPEUR** et **ORGANISATEUR**	***Confirme les aspirations perfectionnistes.***
ELLIPSE	Renforce le tempérament **CONTINUATEUR**	***Confirme le souhait de s'entourer de personnes calmes et stables.***
ARCHE	Renforce le tempérament **PENSEUR**	***Confirme la sélectivité et la fidélité.***

Le fonctionnement amoureux

Le fonctionnement amoureux selon le tempérament

En matière d'aspirations sentimentales la Manutypologie® aide ceux qui ont du mal à séduire et ceux qui séduisent facilement, mais jamais la bonne personne !

Pour les couples déjà établis elle permet de considérer l'autre – et soi-même, – sous un angle nouveau : celui, objectif, de la réalité de la nature inchangeable de chacun.

Complémentarité ne signifie pas compatibilité

Loin de nous l'idée que notre méthode permet d'établir la compatibilité amoureuse entre deux personnes. Si l'amour était une science exacte cela se saurait ! Mais il faut mettre toutes les chances de son côté tant pour séduire que pour faire durer l'amour. Or, notre discipline fournit des indications sur la complémentarité propre à faciliter le quotidien du couple, davantage gage de longévité que la ressemblance. La formule bien connue « qui se ressemble s'assemble » fonctionne mieux en amitié qu'en amour.

Certes, les points communs entre deux personnes peuvent en un premier temps faciliter le rapprochement amoureux. Mais à la longue cette ressemblance risque de créer des agacements dans le quotidien du couple, l'un reprochant à l'autre ce qu'il est lui-même.

Notre classification apporte une lucidité sur ce que la personne aimée est par nature et va devenir davantage au cours du temps. En effet, plus l'âge avance, plus on devient ce que l'on est génétiquement sur le plan de la personnalité. Comprendre à l'avance comment l'autre va évoluer de manière quasi inévitable permet d'accepter et d'anticiper.

En amour, à condition de viser le long terme, la complémentarité ne représente rien sans la volonté de durer car comme le dit le psychosociologue Jacques Salomé :

« Un amour entretenu ne s'use jamais. »

ORGANISATEUR

Mains sèches et chaudes, paumes larges et carrées, peau épaisse et dure

ASPIRATIONS

Comme dans toutes les dimensions de sa vie, ce tempérament veut posséder une totale maîtrise de sa vie sentimentale au point que l'amour peut à ses yeux s'avérer plus une décision qu'un sentiment. De son point de vue montrer ses sentiments constitue une faiblesse.

POUR LE SÉDUIRE ET LE GARDER

Lui donner l'impression qu'il ou elle ne perd pas la maîtrise de sa vie. Saisir toutes les occasions de le ou la laisser décider et organiser. Et surtout ne jamais le mettre en difficulté ou en situation de faiblesse.

PENSEUR

Mains sèches et froides, paumes étroites et rectangulaires, peau fine et douce

ASPIRATIONS

Ce tempérament chérit la solitude dont il a un profond besoin afin de vivre son introspection en paix. Il n'aspire pas du tout à la combler à travers le couple. Pour l'en extraire, il faut vraiment le subjuguer, car en général ce tempérament ne cherche ni à plaire ni à séduire. Sa soif d'admirer s'applique aussi à sa vie amoureuse.

POUR LE SÉDUIRE ET LE GARDER

Respecter son goût de liberté et satisfaire son désir de sécurité. Avec subtilité lui donner l'illusion qu'il ou elle est libre, tout en lui apportant une protection réelle, combinée à une impression de sécurité. Lui permettre de garder un jardin secret et ne jamais chercher à faire intrusion en son moi intérieur. Prendre le temps d'expliquer le bien-fondé des décisions.

DÉVELOPPEUR

Mains moites et chaudes, paumes larges et arrondies, peau épaisse et souple

ASPIRATIONS

Rien n'est pire pour ce tempérament que de se voir contraint à la solitude amoureuse. Le problème : il ou elle déploie souvent davantage d'énergie à conquérir l'autre qu'à le garder, car sa tendance naturelle le pousse à capter l'attention, plaire puis séduire.

POUR LE SÉDUIRE ET LE GARDER

Laissez-le ou la vivre son jeu de conquête et déployer sa stratégie de séduction, car pour ce tempérament, la vie, nous le rappelons, est un jeu. Ne vous laissez pas subjuguer facilement car il ou elle apprécie les challenges et le fait de triompher. Pour le ou la garder, continuez à maintenir la pression.

CONTINUATEUR

Mains moites et froides, paumes étroites et arrondies, peau fine mais dure

ASPIRATIONS

« Pour vivre heureux, vivons cachés », telle pourrait être la devise de ce tempérament dans la vie en général et dans le domaine des sentiments en particulier. Il ou elle aspire à consolider son couple par l'officialisation contractuelle d'un CDI sentimental dont la durée sur le long terme semble une évidence que consolidera une vie rangée associée à une routine affective rassurante.

POUR LE SÉDUIRE ET LE GARDER

Les arguments dans ce but : lui fournir des preuves concrètes de la protection apportée avec la promesse d'une vie bien réglée aux perspectives certaines et prévisibles.

FONCTIONNEMENT EN SÉDUCTION

IDÉALISTE

MAINS SÈCHES ET FROIDES

PAUMES ÉTROITES ET RECTANGULAIRES

PEAU FINE ET DOUCE

ANALYSER ET COMPARER

Besoin de s'émerveiller

ORGANISATEUR

MAINS SÈCHES ET CHAUDES

PAUMES LARGES ET CARRÉES

PEAU ÉPAISSE ET DURE

CONQUÉRIR ET DÉCIDER

Volonté de conquête

DÉVELOPPEUR

MAINS MOITES ET CHAUDES

PAUMES LARGES ET ARRONDIES

PEAU ÉPAISSE ET SOUPLE

CHARMER ET PLAIRE

Goût de la séduction

CONTINUATEUR

MAINS MOITES ET FROIDES

PAUMES ÉTROITES ET ARRONDIES

PEAU FINE ET DURE

SE SENTIR RASSURÉ

Besoin de protection

DANS LE COUPLE

PENSEUR

MAINS SÈCHES ET FROIDES

PAUMES ÉTROITES ET RECTANGULAIRES

PEAU FINE ET DOUCE

Se ménager une vie intérieure sous protection

ORGANISATEUR

MAINS SÈCHES ET CHAUDES

PAUMES LARGES ET CARRÉES

PEAU ÉPAISSE ET DURE

Pérenniser le couple en protégeant l'autre

DÉVELOPPEUR

MAINS MOITES ET CHAUDES

PAUMES LARGES ET ARRONDIES

PEAU ÉPAISSE ET SOUPLE

Vivre avec intensité un quotidien sans routine

CONTINUATEUR

MAINS MOITES ET FROIDES

PAUMES ÉTROITES ET ARRONDIES

PEAU FINE ET DURE

Vivre à deux une routine quotidienne avec un futur rassurant

Le fonctionnement amoureux selon les empreintes digitales

ORGANISATEUR

Empreintes renforçant ce tempérament :

→ SPIRALE : consolide la volonté de construire un couple dans la durée.

→ DOUBLE BOUCLE : accentue l'exigence de se montrer perfectionniste.

Empreintes nuançant l'interprétation :

→ BOUCLE : donne plus d'adaptabilité et de lâcher-prise dans le couple.

→ ELLIPSE : accroît le besoin d'être sécurisé par la fiabilité de l'autre.

→ ARCHE : avive la nécessité d'admirer l'autre.

PENSEUR

Empreinte renforçant ce tempérament :

→ ARCHE : solidifie le besoin de s'émerveiller et consolide la fidélité malgré la distance.

Empreintes nuançant l'interprétation :

→ SPIRALE : augmente le réalisme dans la vie amoureuse ;

→ BOUCLE : apporte de la sociabilité et de l'adaptabilité ;

→ ELLIPSE : intensifie le besoin de vivre la relation amoureuse dans un contexte de sécurité ;

→ DOUBLE BOUCLE : accepte plus facilement le risque dans la vie quotidienne.

DÉVELOPPEUR

Empreintes renforçant ce tempérament :

- **BOUCLE** : conforte la recherche d'intensité et de partage d'émotion ;
- **DOUBLE BOUCLE** : augmente le besoin de vivre plus intensément les sensations fortes.

Empreintes nuançant l'interprétation :

- **SPIRALE** : fortifie la volonté de faire durer la relation.
- **ARCHE** : octroie plus de profondeur dans la relation.
- **ELLIPSE** : amoindrit l'adaptabilité du tempérament.

CONTINUATEUR

Empreinte renforçant ce tempérament :

- **ELLIPSE** : accentue la nécessité de la routine dans la vie de couple.

Empreintes nuançant l'interprétation :

- **SPIRALE** : octroie une tendance plus protectrice et plus autonome.
- **BOUCLE** : ajoute de la sociabilité et de l'ouverture aux autres.
- **ARCHE** : amène à se poser des questions sur le sens de la relation amoureuse.
- **DOUBLE BOUCLE** : donne un peu plus de perfectionnisme dans le couple.

FONCTIONNEMENT AMOUREUX CONFORTER OU IMPACTER L'INTERPRÉTATION AVEC LES EMPREINTES DIGITALES

EMPREINTES DIGITALES	CONFORTE LES TEMPÉRAMENTS	*IMPACT DE L'EMPREINTE DANS L'INTERPRÉTATION SELON LES TEMPÉRAMENTS*
BOUCLE	Renforce le tempérament **DÉVELOPPEUR**	***Confirme le refus de la routine et l'attrait pour l'intensité.***
SPIRALE	Renforce le tempérament **ORGANISATEUR**	***Confirme la volonté de construire un couple dans la durée.***
DOUBLE BOUCLE	Renforce les tempéraments **DÉVELOPPEUR** et **ORGANISATEUR**	***Confirme les aspirations perfectionnistes en amour.***
ELLIPSE	Renforce le tempérament **CONTINUATEUR**	***Confirme le souhait de bâtir le couple sur une routine rassurante.***
ARCHE	Renforce le tempérament **PENSEUR**	***Confirme le besoin d'admirer pour être séduit(e).***

PARTIE 6

MAINS DE PERSONNALITÉS

Cathy Collart Geiger

La présidente-directrice générale de Picard arrivée à la tête de l'enseigne préférée des Français en plein premier confinement – mais il faudrait beaucoup plus qu'une simple pandémie (!) pour l'abattre – irradie littéralement. Cette battante, joyeuse et chaleureuse, nous reçoit une fin d'après-midi, début janvier, dans son bureau à Issy-les-Moulineaux, en hauteur avec vue sur un arbre de Noël encore illuminé.

À tout juste 50 ans, Cathy Collart Geiger se sent bien dans sa vie et à son poste de dirigeante comptant environ mille cinquante magasins en France et cinq mille collaborateurs, même s'il implique de quitter pendant la semaine son mari et son fils adolescent pour mieux les retrouver chaque week-end à Warlaing, petit village de son Nord natal où le trio réside.

L'intérêt pour les sciences humaines d'observation de cette coach certifiée de l'école MHD-EFC ne date pas d'hier. Sa découverte de notre méthode, comme notre rencontre, lui apparaît – à nous aussi – comme une évidence.

Une fois effectuées les empreintes de ses mains, elle sourit et acquiesce à l'énoncé de son profil tempéramental par Jean de Bony. Sa curiosité en éveil permanent lui vient de son tempérament **PENSEUR** contrebalancé par le pragmatisme de son tempérament **ORGANISATEUR**. Cette double entrée explique l'attitude de Cathy Collart Geiger vis-à-vis des personnes dont elle s'entoure professionnellement, sa capacité à les comprendre pour mieux les impliquer dans sa vision et ses projets. Les faire évoluer aussi afin de préserver son besoin de liberté. Il doit faire bon travailler auprès de cette patronne enthousiaste et enthousiasmante : je serais presque candidate !

Convaincue par la méthode de Jean de Bony, totalement en confiance à la fin de notre entretien, la P-DG nous demande si nous serions d'accord pour rencontrer son époux et son fils afin d'observer leurs mains. Comment refuser ?!

EMPREINTE DE LA MAIN GAUCHE

Échelle : 75 %

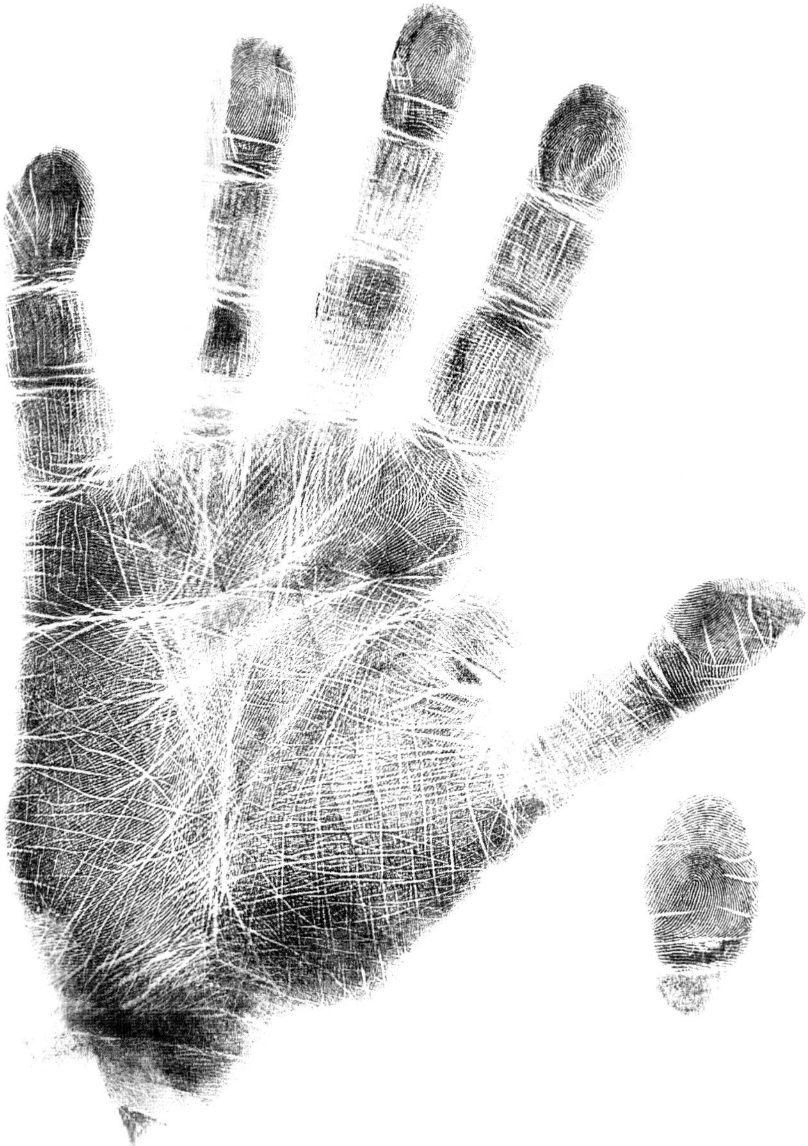

Cathy COLLART GEIGER Le 10/01/2022

EMPREINTE DE LA MAIN DROITE

Échelle : 75 %

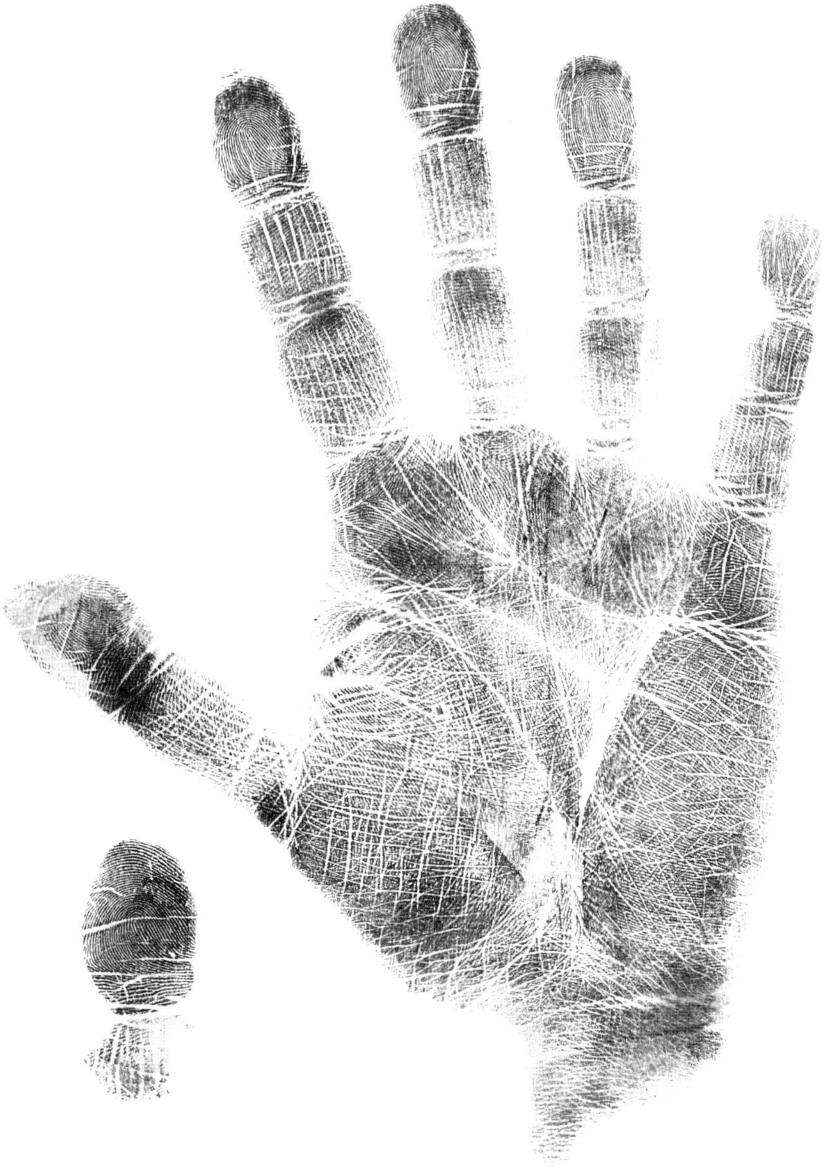

Caractéristiques des mains de Cathy Collart Geiger

Chaleur moiteur	Mains chaudes et sèches	**Peau dans la paume**	Peu épaisse, souple, trÍès douce
Forme de la paume	Presque large et rectangulaire	**Entrecroisement**	Index droit sur gauche
Lignes principales	Presque profondes	**Latéralisation**	Droitière
Lignes secondaires	Nombreuses et fines		

EMPREINTES DIGITALES – MAIN GAUCHE

Pouce	Index	Majeur	Annulaire	Auriculaire

Boucle	Boucle inversée	Boucle	Boucle	Boucle

EMPREINTES DIGITALES – MAIN DROITE

Auriculaire	Annulaire	Majeur	Index	Pouce

Boucle	Boucle	Boucle	Boucle	Boucle

Analyse de la personnalité innée de Cathy Collart Geiger

Tempéraments : ORGANISATEUR, PENSEUR = **forts**
– DÉVELOPPEUR = **Faible**

Capacité d'action

Elle possède sa propre énergie (mains chaudes) pour alimenter son dynamisme (mains sèches). Énergie qu'elle peut gérer dans un objectif de long terme comme l'y pousse le tempérament **ORGANISATEUR**. Cependant, par amour de la liberté (boucles sur tous les doigts) elle refuse de laisser l'autonomie qui en découle l'enfermer exclusivement dans les domaines qu'elle maîtrise. En misant sur son sens d'adaptation (peau souple) elle se montre prête à prendre des risques dans de nouveaux défis.

Type d'intelligence

Son mode de pensée s'avère typique du tempérament **PENSEUR** : forte curiosité d'esprit pour découvrir les informations et connaissances rendant le monde intelligible. Elle possède un sens de l'analyse aigu lui permettant de passer au crible de son esprit critique la cohérence et la pertinence des informations recueillies (lignes fines). Elle veut passer en revue toutes les dimensions d'un problème ou d'une situation (lignes nombreuses) pour comprendre avant de décider comment agir (index droit sur gauche). À ce stade, elle se montre ouverte aux suggestions même si son adaptabilité s'avère conditionnelle et stratégique (boucle inversée sur l'index gauche). Une fois la décision prise, la détermination à suivre une ligne directrice se renforce, mais sa combativité ne met pas en porte-à-faux son esprit légaliste.

Style relationnel

Le tempérament **ORGANISATEUR** la rend assez solide pour pouvoir porter les autres dans la sphère professionnelle et personnelle. Son tempérament **PENSEUR** la pousse à autonomiser ceux qui le souhaitent, à faciliter l'évolution des personnes et des organisations. Elle ne se sent d'ailleurs pas menacée par la montée en compétences de ceux qu'elle dirige, bien au contraire. Son troisième tempérament le **DÉVELOPPEUR** conforte son plaisir d'entraîner par l'enthousiasme les personnes vers de nouveaux projets, faisant sienne cette maxime managériale : « Seul on va plus vite, ensemble on va plus loin ».

Caractéristiques particulières

→ Absence de spirales : le pouvoir pour le pouvoir ne l'intéresse nullement.

David Foenkinos

Nous rejoignons l'auteur de *La Délicatesse* – roman subtil adapté par ses bons soins à l'écran – et de son dernier roman *Numéro deux,* dans un appartement loué au premier étage d'un immeuble haussmannien dans la Plaine-Monceau. Gentiment, il nous prépare un café agrémenté de chocolats.

Ma première rencontre avec ce talentueux écrivain – lisez *Charlotte* exercice de style à nul autre pareil – date de 1998. Déjà ! Comme le temps passe. Pourtant il laisse peu de traces sur ses boucles de pâtre grec à peine teintées de fils gris. Son corps aminci par les ans semble plus longiligne à chaque fois que je le revois. Ses drôles de chaussettes-chaussons noires pailletées d'argent tire-bouchonnent.

La célébrité n'a guère entamé sa simplicité et sa désinvolture. Elle est venue doucement se poser à ses côtés en gentille compagne, sans le transformer. Je comprends pourquoi lorsque Jean de Bony synthétise l'étude de ses mains en affirmant que David préfère admirer plutôt qu'à l'être. D'ailleurs lorsqu'il lance : « Tous mes amis ont une carrière incroyable ! », sa phrase teintée de modestie semble sous-entendre, à l'inverse de la réalité, que la sienne ne l'est guère.

L'expert a cerné son besoin d'alternance entre exposition médiatique et retrait. De fait après la sortie d'un livre ou d'un film et le chahut qu'ils entraînent, l'écrivain-metteur en scène ressent à chaque fois le besoin de fuir les mondanités et ses stridences. Il se retire comme la mer basse.

La famille se tient au centre de sa vie. Au cours de notre entretien, David évoquera son père, sa mère, sa fille, son fils. Tiens, pas son frère cette fois !

Je suis contente de constater que ce célèbre auteur à qui j'ai fait découvrir mon cher Bernard Frank pose à sa juste place dans son panthéon littéraire, ce grand méconnu des lettres. Je retrouve chez eux deux, un même sens de l'humour, une même nonchalance, une même timidité, une même profondeur dans la légèreté apparente de l'écriture.

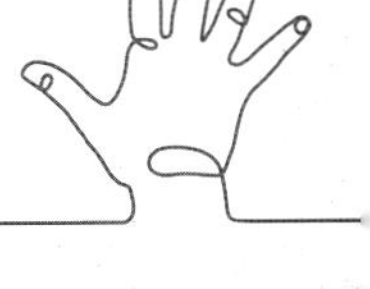

EMPREINTE DE LA MAIN GAUCHE

Échelle : 65 %

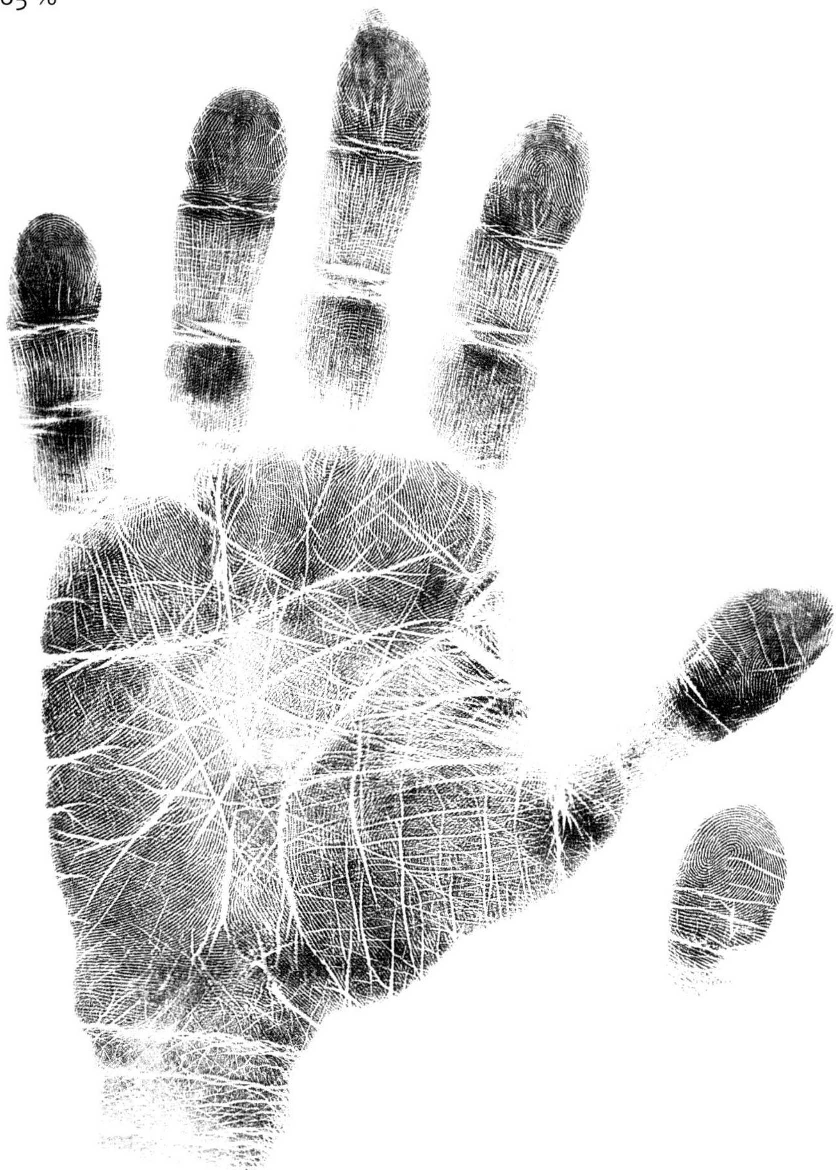

15/12/21

EMPREINTE DE LA MAIN DROITE

Échelle : 65 %

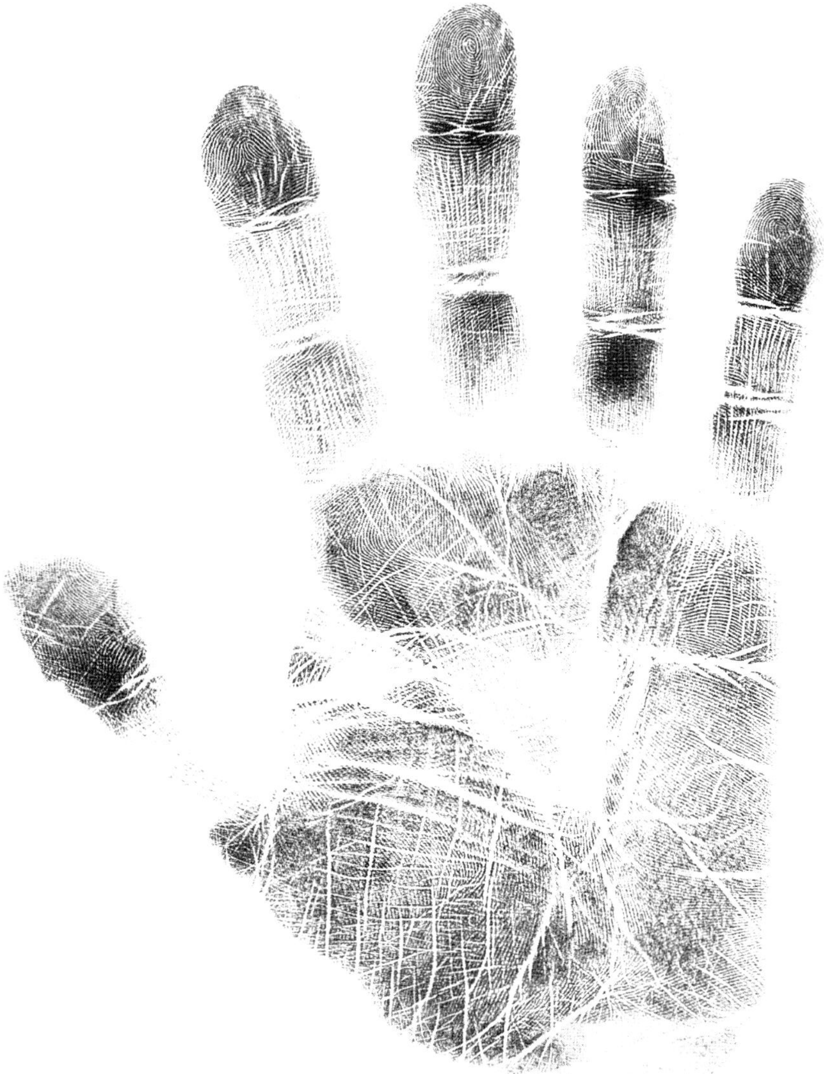

Caractéristiques des mains de David Foenkinos

Chaleur moiteur	Mains froides et sèches	**Peau dans la paume**	Épaisse et plutôt douce
Forme de la paume	Large et presque carrée	**Entrecroisement**	Index gauche sur droit
Lignes principales	Profondes	**Latéralisation**	Droitier
Lignes secondaires	Profondes et nombreuses		

EMPREINTES DIGITALES – MAIN GAUCHE

Pouce	Index	Majeur	Annulaire	Auriculaire

Double boucle	Boucle inversée + Spirale	Boucle	Boucle	Boucle

EMPREINTES DIGITALES – MAIN DROITE

Auriculaire	Annulaire	Majeur	Index	Pouce

Boucle	Spirale	Spirale	Arche + Boucle	Spirale + Double boucle

Analyse de la personnalité innée de David Foenkinos

Tempéraments : **ORGANISATEUR** = **Fort** – **PENSEUR** = **Moyen**

Capacité d'action

Son énergie est générée par l'action (mains froides et sèches). L'inaction, le fatigue et le repos ne lui apporte que du repos ! Son envie d'autonomie est plus forte que sa capacité à l'être réellement (quatre spirales). Son indépendance d'esprit se nourrit dans une forme de dispersion (tempérament **PENSEUR**).

Type d'intelligence

Ses lignes principales profondes indiquent une intelligence pragmatique confortée par la forte dominance du tempérament **ORGANISATEUR**. Les lignes secondaires nombreuses et profondes l'incitent à comprendre de manière exhaustive ce qui est efficace. Son intuition vient enrichir son sens de l'analyse (index gauche sur droit). Sur le plan des idées, il s'avère dans un premier temps conciliant puis affirme sa position. Nul espoir de l'avoir à l'usure, le temps ne fait rien à l'affaire. Il peut donner son avis et conseiller avec pertinence sur des domaines qui lui sont étrangers (tempérament **PENSEUR** et arche sur l'index droit).

Style relationnel

Sur le plan amical, il se montre fidèle et distant. L'éloignement augmente son admiration (arche). Il ne cherche en aucun cas à être admiré et apprécie trop la liberté pour dépendre du regard des autres. Difficile à apprivoiser, il s'avère intransigeant dans un premier temps, mais finit par faire quelques concessions afin de conserver l'harmonie. Son tempérament **ORGANISATEUR** lui donne la capacité à protéger les faibles et à canaliser les indécis si nécessaire, mais il préfère autonomiser les autres (arche).

Caractéristiques particulières

- Spirale et double boucle sur le pouce droit : la nécessité de la perfection se combine à la passion de la perfection pour motiver la volonté.
- Spirale dans une boucle inversée sur l'index gauche : l'adaptation est conditionnée par la nécessité de l'efficacité.
- Arche sur l'index droit : plaisir de la rareté et de la différence. Importance de donner du sens à ses actions. Renforce le tempérament **PENSEUR**.

Stéphane Foenkinos

À 15 heures pile, celle de notre rendez-vous, Stéphane Foenkinos sonne à ma porte. Souriant. Long et mince. D'emblée, je le tutoie comme si notre dernière rencontre datait de peu et que nous nous connaissions depuis toujours.

À un détour de la conversation, cet auteur et metteur en scène si proche des comédiens lâche une phrase le résumant : « Je suis un homme de l'ombre. » De fait, Stéphane Foenkinos préfère voir les lumières des projecteurs braqués sur eux plutôt que sur lui. Pour preuve, les vingt années qu'il consacra au métier de directeur de casting sur plus de quatre-vingts films allant d'*Éloge de l'amour* de Jean-Luc Godard à *Midnight in Paris* de Woody Allen en passant par ceux de François Ozon, Danièle Thompson et Valérie Lemercier, voire certains *James Bond* et *Harry Potter*. Sans oublier les trois films réalisés en tandem avec son bien aimé frère David, car le duo Foenkinos fonctionne à plein : *La Délicatesse* en 2011, *Jalouse* en 2017, *Les Fantasmes* en 2021.

Voici ce délicieux et intelligent cinquantenaire parvenu à un tournant de son existence. Après avoir connu mondanités et rencontres plus ou moins vaines, Stéphane aspire désormais à la paix et à la sérénité. Une forte dose d'autodérision l'anime. Le doute aussi. Celui qui le fait progresser et s'interroger sans cesse. Il acquiesce totalement à la description de son tempérament. Jean de Bony lui explique avec son calme habituel qu'il ne saurait se contenter d'une vie rythmée par un quotidien programmé même si harassé par le tourbillon de ses dernières années, il le souhaite maintenant. « Non cher Stéphane, point de repos de l'esprit pour vous, car comme un adolescent en quête d'idéal, vous vous posez mille questions ! »

Contrairement à David qui nous accorda peu de temps, happé par un déjeuner professionnel suivant le court moment passé ensemble dans son appartement, son frère aîné restera en notre compagnie trois heures montrant ainsi son intérêt pour nos fructueux échanges. Tant mieux !

EMPREINTE DE LA MAIN GAUCHE

Échelle : 65 %

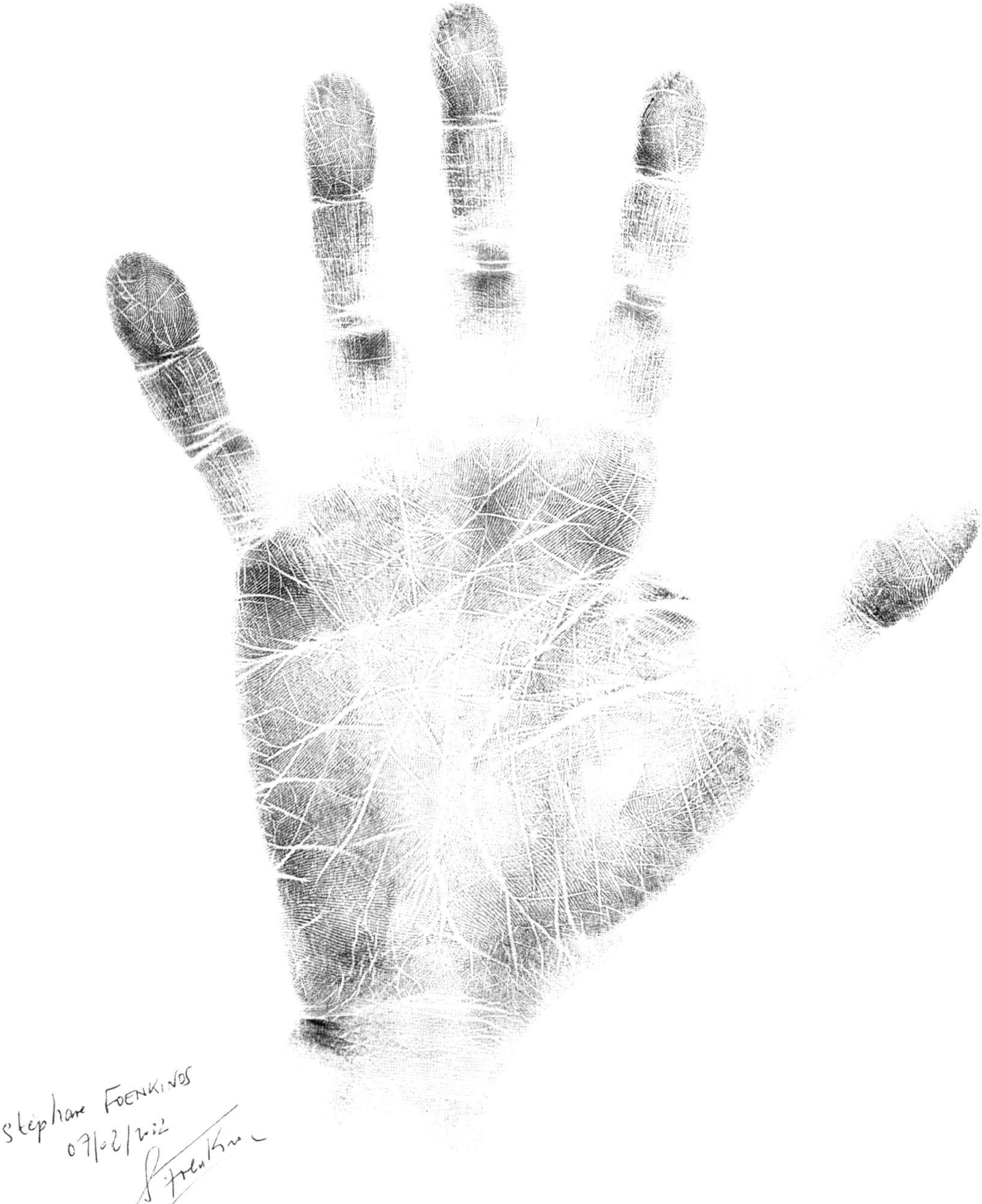

EMPREINTE DE LA MAIN DROITE

Échelle : 65 %

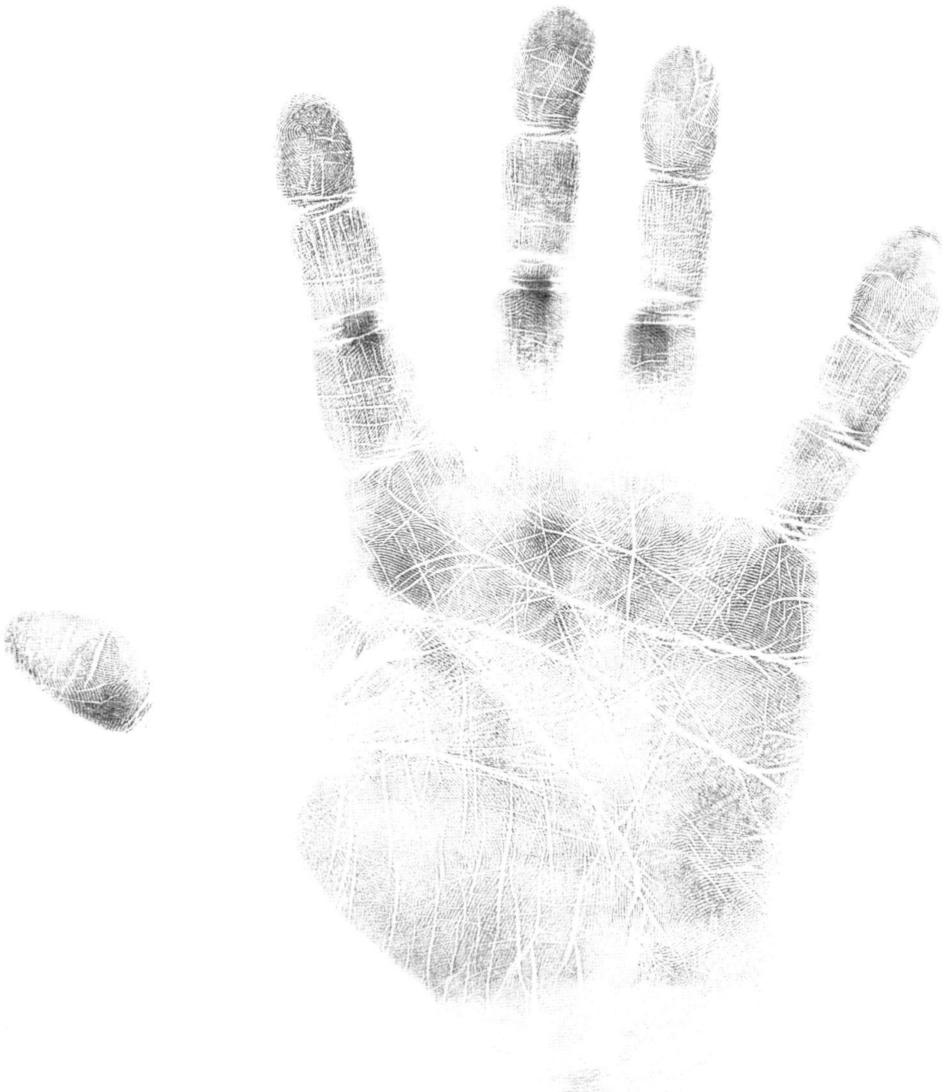

Caractéristiques des mains de Stéphane Foenkinos

Chaleur moiteur	Mains froides et sèches	**Peau dans la paume**	Épaisse, souple et très douce
Forme de la paume	Étroite et presque carrée	**Entrecroisement**	Index droit sur gauche
Lignes principales	Profondes	**Latéralisation**	Droitier
Lignes secondaires	Profondes, plutôt nombreuses		

EMPREINTES DIGITALES – MAIN GAUCHE

Pouce	Index	Majeur	Annulaire	Auriculaire
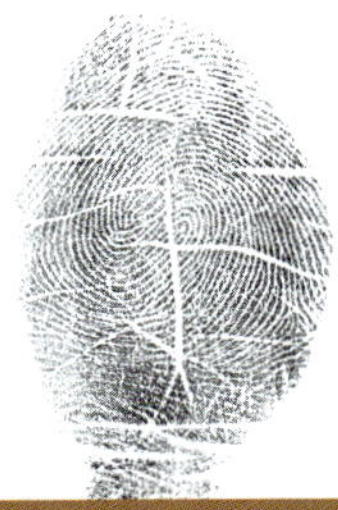			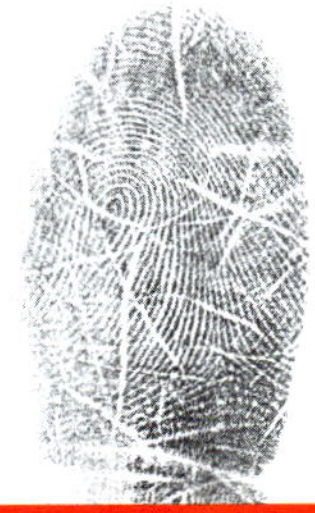	
Double boucle	Spirale	Boucle + Spirale	Boucle + Spirale	Boucle

EMPREINTES DIGITALES – MAIN DROITE

Auriculaire	Annulaire	Majeur	Index	Pouce

Boucle	Boucle + Spirale	Boucle	Spirale	Spirale + Double boucle

Analyse de la personnalité innée de Stéphane Foenkinos

Tempéraments : **PENSEUR = Fort – ORGANISATEUR = Moyen**

Capacité d'action

Dynamique par manque d'énergie : (mains froides et sèches) il aspire au repos et au calme, mais l'inaction le fatigue ! Son envie d'autonomie (cinq spirales) est plus forte que sa capacité à l'être réellement. Plus il se disperse, plus son sentiment d'indépendance s'épanouit (tempérament **PENSEUR**).

Type d'intelligence

Il possède l'intelligence pragmatique du tempérament **ORGANISATEUR** (lignes profondes et plutôt nombreuses). Comprendre avant d'agir lui semble une évidence (index droit sur gauche), cela conforte sa prudence et son objectif de maîtrise du risque. Se mettre en danger n'est pas sa motivation. Affronter la difficulté l'intéresse nettement plus (six spirales). Exigeant pour lui-même, il ne peut se permettre de faillir et se montre perfectionniste tant par amour-propre (spirales) que par passion (double boucle). Sa recherche de la cohérence (tempérament **PENSEUR**) associée à sa rigueur dans la logique ne l'empêche pas de s'épanouir dans la créativité. Cependant, son imagination s'avère boostée par des contraintes, de temps, de budget ou d'objectif, qu'il n'a pas choisies, mais qu'il peut interpréter à sa manière.

Style relationnel

« Cet homme de l'ombre » ne ressent pas l'envie de se mettre en pleine lumière, car il a plus besoin d'admirer que de l'être (tempérament **PENSEUR**). Dans son comportement relationnel et amical, bien que sociable et naturellement bienveillant, il se montre sélectif, car difficile à apprivoiser. La diversité de ses amitiés atteste d'abord de son attrait pour des domaines très divers et confirme ensuite qu'il trouve dans l'apparente dispersion le bien-être du sentiment de liberté indispensable à son épanouissement. Bien que capable de cadrer et diriger, avec une idée très claire de ce qu'il attend des autres, il se refuse à instaurer un rapport de force (peau douce) et s'adapte si nécessaire (peau souple et boucles) afin de conserver ou créer de l'harmonie.

Caractéristiques particulières

→ Boucle et spirale sur les annulaires : envie de pérenniser les projets sans perdre la liberté à laquelle il tient tant.

Caractéristiques des mains de David et Stéphane Foenkinos

	David	Stéphane
Chaleur-moiteur	Mains froides et sèches	
Peau dans la paume	Épaisse et plutôt douce	Épaisse, souple et très douce
Forme de la paume	Large et presque carrée	Étroite et presque carrée
Lignes principales	Profondes	
Lignes secondaires	Nombreuses, plutôt profondes	Profondes, plutôt nombreuses
Entrecroisement	Index gauche sur droit	Index droit sur gauche

Comparatif des empreintes digitales de Sonia Mabrouk et de Guy Savoy

Mains gauches			Mains droites	
David	**Stéphane**		**David**	**Stéphane**
Double boucle	**Double boucle**	Pouce	**Spirale + Double boucle**	**Spirale + Double boucle**
Boucle inversée + Spirale	**Spirale**	Index	**Arche + Boucle**	**Spirale**
Boucle	**Boucle + Spirale**	Majeur	**Spirale**	**Boucle**
Boucle	**Boucle + Spirale**	Annulaire	**Spirale**	**Boucle + Spirale**
Boucle	**Boucle**	Auriculaire	**Boucle**	**Boucle**

Analyses comparées de David et Stéphane Foenkinos

	David	Stéphane
ORGANISATEUR	Fort	Moyen
PENSEUR	Moyen	Fort
DÉVELOPPEUR	Faible	Faible
CONTINUATEUR	Très faible	Très faible

Le tempérament fort de David, **ORGANISATEUR**, est le tempérament moyen de Stéphane, et réciproquement. David possède par nature en premier la mentalité de l'adulte, maîtrise de sa vie, sens des conséquences, pérennité des actions et esprit protecteur. Le tempérament **PENSEUR** apporte ensuite à David la dimension créativité intellectuelle alors qu'il donne à Stéphane la mentalité de l'adolescent. Celui-ci se disperse dans de multiples expériences simultanées pour partir dans le rêve et l'imaginaire afin de se sentir insaisissable.

Les deux frères possèdent néanmoins en commun le besoin d'être actifs pour récupérer l'énergie qui va alimenter leur dynamisme.

Dans le domaine des idées, David s'avère plus souple et conciliant, fonde son jugement sur l'expérimentation. Stéphane se montre plus intransigeant. Cultivant sa différence, il s'intéresse à tout, même à ce qui ne paraît pas directement utile sans pour autant oublier d'en chercher la cohérence.

Sur le plan relationnel, David affiche la force tranquille de l'**ORGANISATEUR** qui se livre peu. Stéphane, **PENSEUR**, recherche la solitude indispensable à son équilibre et à son introspection. Il se prête volontiers à une sociabilité choisie pour faire interagir sa pensée avec celle des autres.

Empreintes digitales

- Les deux pouces droits sont semblables, les deux pouces gauches aussi. Les frères Foenkinos possèdent en commun un perfectionnisme idéaliste et un attrait pour la difficulté afin de motiver leur volonté dans la mise en œuvre.
- Chez David, la boucle inversée sur son index gauche signale une adaptation conditionnelle et stratégique. L'arche sur son index droit ajoute une recherche de sens à son tempérament **ORGANISATEUR.**

Marie-José Pérec

Rencontrer un mythe vivant s'apparente à un rêve devenu réalité. Je ne suis certes pas du genre fan courant après des « vedettes », s'attardant devant un palace pour les apercevoir ou allant dans un stade crier avec la foule. Cependant, j'ai suivi par écrans interposés le parcours unique, hors norme de cette longue gazelle. Sur le pas de la porte de mon appartement, la légende est tout sourire derrière son masque et me remercie de la recevoir : la simplicité des grands. Pour rappel, la belle Antillaise est la seule Française triplement championne olympique : en 1992 aux Jeux de Barcelone lors d'une prestation royale sur 400 mètres, puis deux fois aux Jeux d'Atlanta en 1996 sur 400 et 200 mètres. Quel parcours jusqu'à son entrée au comité d'organisation des Jeux olympiques de 2024 !

Lors des explications et du descriptif de son tempérament, Marie-José, attentive acquiesce avec conviction, émettant de temps en temps un commentaire de sa voix au timbre clair. Déjà lors de nos conversations téléphoniques j'avais noté dans ses intonations et ses phrases une sorte de candeur l'apparentant à une jeune fille. Elle possède une sincérité et une capacité à s'émerveiller, touchantes, intensifiées par son tempérament principal qui la rend sensible, partageuse, capable de s'enthousiasmer comme une enfant. Cela ne l'empêche pas, grâce à celui arrivant en second, de se prendre en charge et de pouvoir protéger les autres. Quand la belle dame nous quitte après un moment trop court passé ensemble – du moins de mon point de vue – je lui lance un « au revoir » sincère, car il ne s'agit pas pour moi d'une simple formule.

EMPREINTE DE LA MAIN GAUCHE

Échelle : 65 %

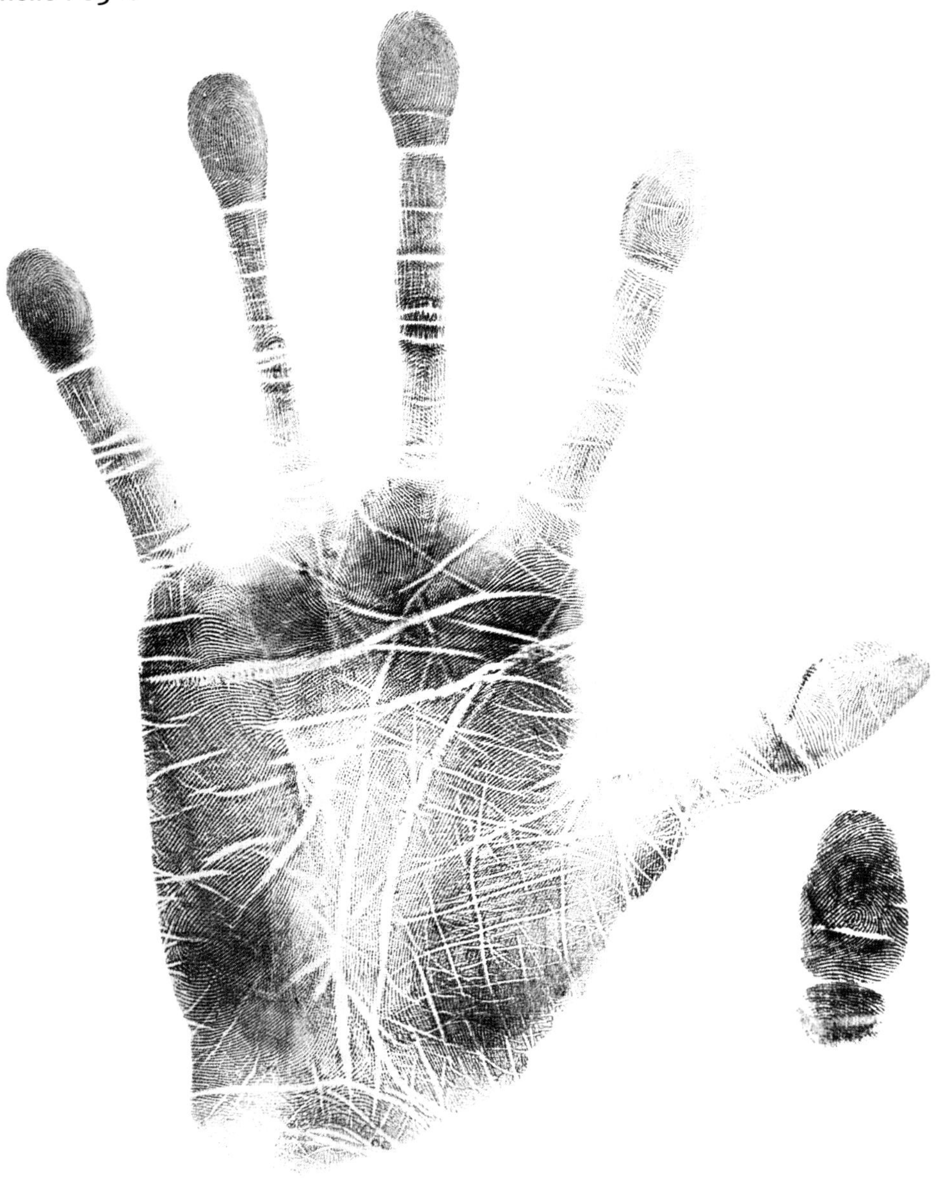

le 11/01/2022

EMPREINTE DE LA MAIN DROITE

Échelle : 65 %

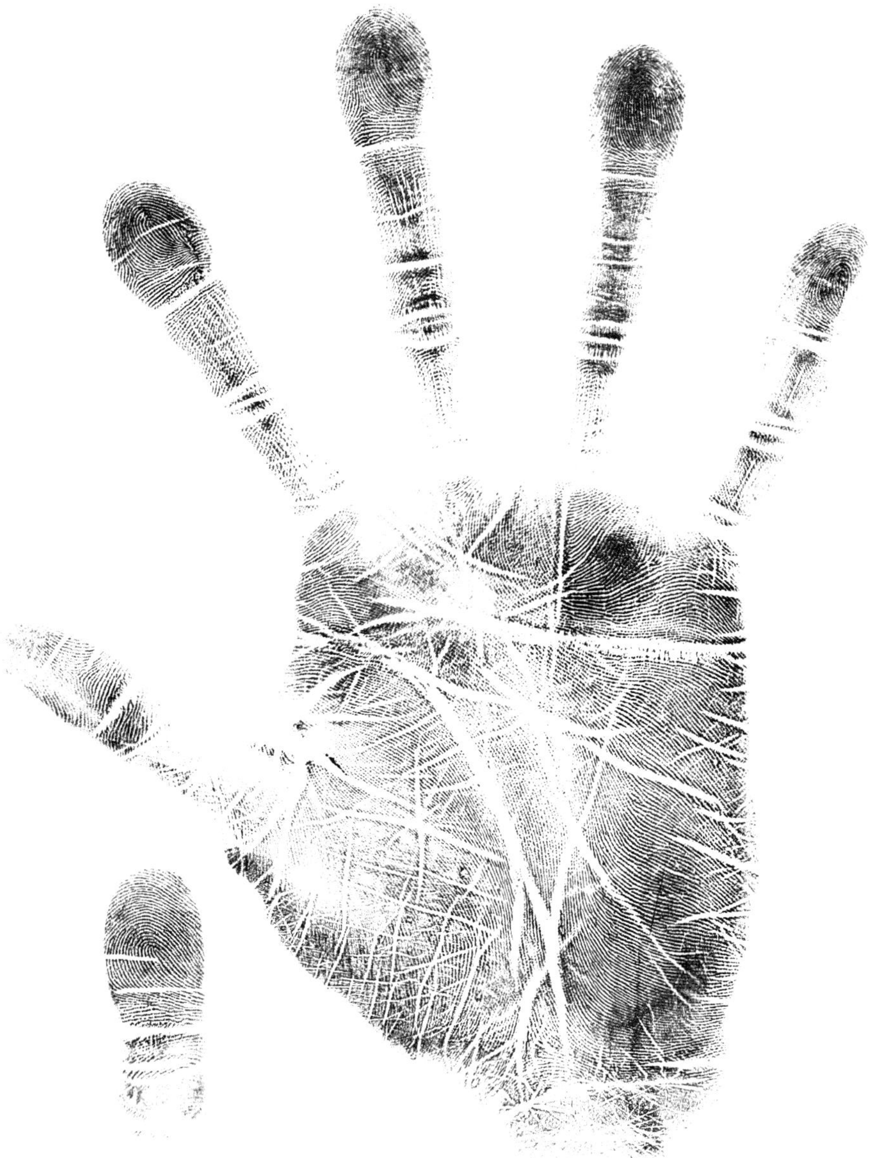

Caractéristiques des mains de Marie-José Perec

Chaleur moiteur	Mains chaudes et moites	**Peau dans la paume**	Épaisse, moyennement douce, souple
Forme de la paume	Étroite et presque rectangle	**Entrecroisement**	Index gauche sur droit
Lignes principales	Profondes	**Latéralisation**	Gauchère contrariée
Lignes secondaires	Profondes, moyennement nombreuses		

EMPREINTES DIGITALES – MAIN GAUCHE

Pouce	Index	Majeur	Annulaire	Auriculaire

Boucle	Spirale	Boucle	Boucle	Boucle

EMPREINTES DIGITALES – MAIN DROITE

Auriculaire	Annulaire	Majeur	Index	Pouce

Boucle	Boucle	Boucle	Boucle	Boucle

Analyse de la personnalité innée de Marie-José Perec

Tempéraments : DÉVELOPPEUR = Très fort – ORGANISATEUR = Moyen

Capacité d'action

Son énergie débordante (mains chaudes) nécessite de se voir canalisée par des projets engageants et/ou par l'implication dynamique dans une équipe, sinon le risque de dispersion reste potentiel (mains moites). L'indépendance d'action s'avère sa priorité (neuf boucles, tempérament **DÉVELOPPEUR**).

Type d'intelligence

Une perception globale (lignes moyennement nombreuses) et une perception intuitive (index gauche sur droit) lui donnent une vision instantanée de son environnement. Marie-Jo va directement à l'essentiel. Elle vise les résultats concrets (lignes profondes, tempérament **ORGANISATEUR**) et les défend avec beaucoup de conviction (tempérament **DÉVELOPPEUR**).

Style relationnel

Elle se nourrit des relations humaines, tant par le plaisir (tempérament **DÉVELOPPEUR**) du partage d'émotion et d'enthousiasme que par la nécessité de trouver dans le groupe la possibilité de canaliser son énergie. Elle risque néanmoins de croire que ce qui la motive convient à tout le monde (mains chaudes et moites).

Son management s'avère affectif du style « qui m'aime me suive ». Dans la dynamisation d'équipe, elle compte en priorité sur les personnes partageant son enthousiasme (neuf boucles, tempérament **DÉVELOPPEUR**).

Caractéristiques particulières

- Spirale sur l'index gauche, boucle sur l'index droit : attrait pour la difficulté. Perfectionniste par amour-propre dans la phase de préparation, adaptable dans la mise en œuvre.
- Boucle dans l'espace interdigital annulaire-auriculaire : tendance à l'autodérision.
- Boucle sur le bord interne de la paume : besoin de se replonger dans des émotions du passé pour les revivre seule à l'abri de l'agressivité du présent.
- Gauchère contrariée : l'appartenance à une minorité augmente sa combativité.
- Spirale sur index gauche : renforce l'**ORGANISATEUR** dans la préparation.

Florence Pernel

La jolie et toute nouvelle sexagénaire joue aux côtés de Michel Leeb au studio des Champs-Élysées dans *Inavouable*, une comédie légère nécessaire en ces temps d'épidémie. Elle nous a donné rendez-vous devant le théâtre avenue Montaigne. Le froid de décembre nous incite à l'attendre à l'intérieur. Messages vocaux et textos de sa part annoncent un léger retard. Florence Pernel est ainsi : attentive à l'autre. L'ascenseur en panne nous contraint à gravir à pied, allègres, les nombreux étages menant à sa loge sans fenêtre. Spartiate. Une collègue passe la tête par la porte et lui annonce la contamination d'une artiste connue d'elles deux. La menace plane ainsi sur le monde du spectacle et la fragilise. Nous la sentons ailleurs. Peu encline à écouter le discours de Jean de Bony. Comment pourrions-nous lui en vouloir ? D'ailleurs, elle ne quittera pas son masque durant notre entretien. Preuve en est la photo en préambule de ce texte.

Cette fille unique, pensionnaire un temps, s'insurge lorsque l'expert lui déclare que de tempérament majoritairement **PENSEUR,** elle préfère le tête-à-tête à une compagnie nombreuse. « Oh, mais j'adore être entourée ! » s'exclame-t-elle. Certes, mais à cause de son vécu, non de son inné.

Parfois, des rencontres prévues tombent à un mauvais moment. C'est le cas avec cette charmante actrice que j'avais vue interpréter – comme plus de six millions de téléspectateurs – le rôle d'une vice-procureure dans *Crime à Biot* deux jours avant de lui faire découvrir notre méthode. La séance de prise d'empreintes suivie de l'explication se passe très moyennement. Nul enthousiasme de sa part. Un assentiment plus ou moins consenti. De la politesse surtout. Aucune question. On ne gagne pas à tous les coups : autant le reconnaître. La scène l'attend. Pour Florence Pernel à cet instant, là se situe l'essentiel.

EMPREINTE DE LA MAIN GAUCHE

Échelle : 70 %

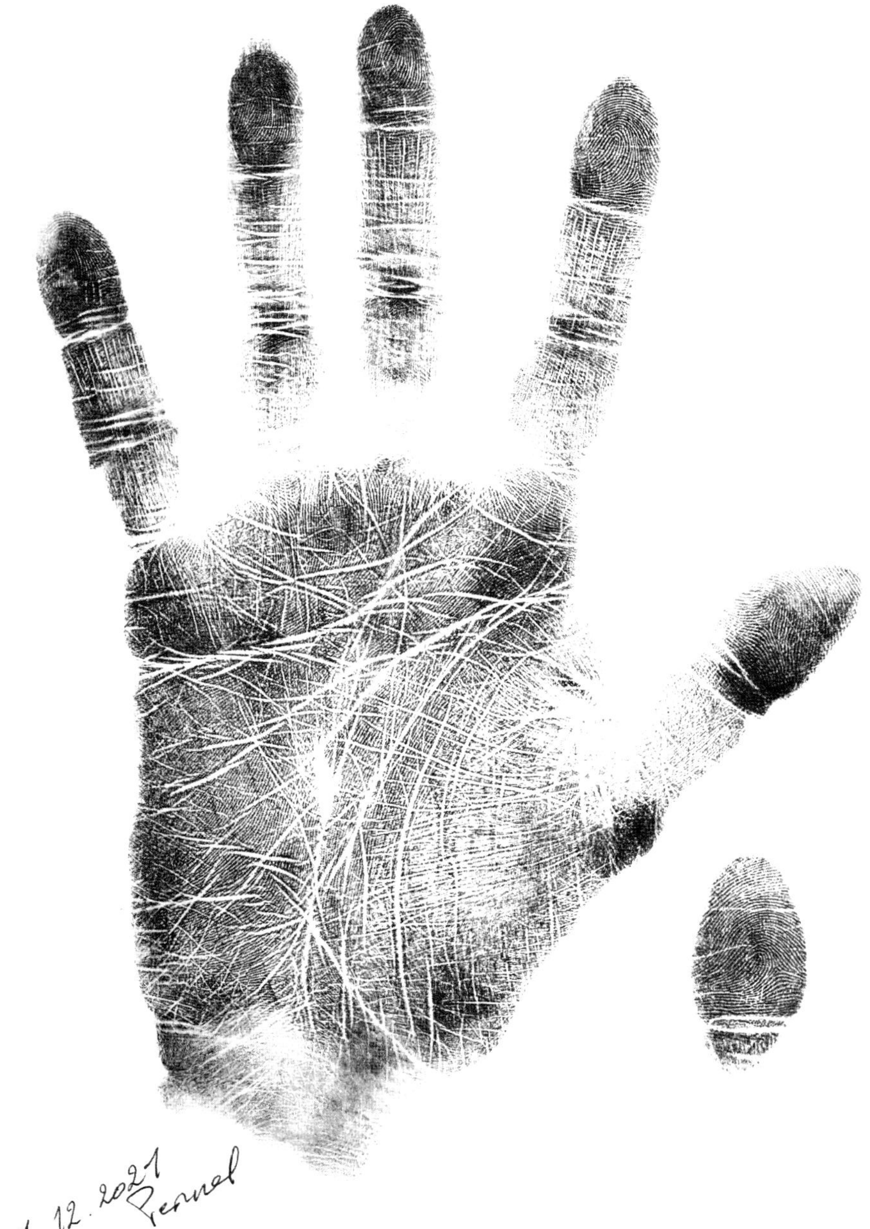

EMPREINTE DE LA MAIN DROITE

Échelle : 70 %

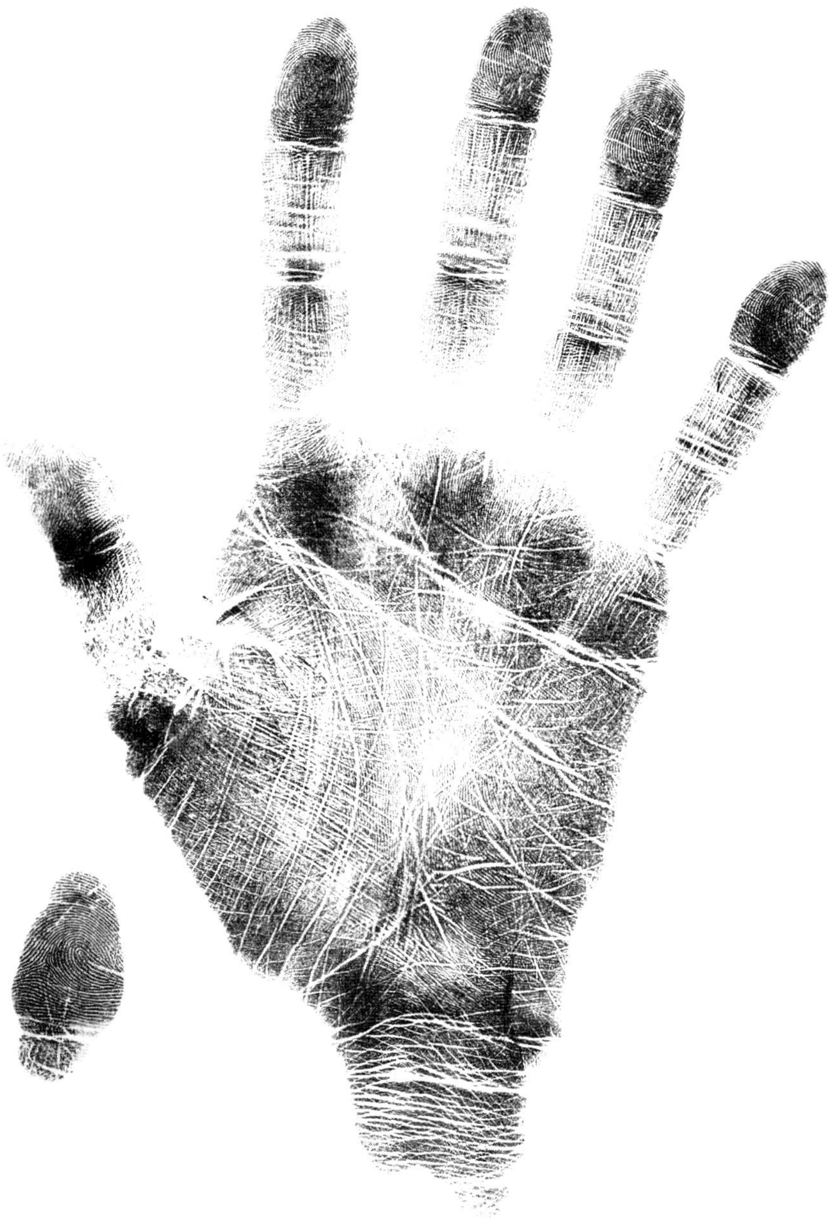

Caractéristiques des mains de Florence Pernel

Chaleur moiteur	Mains froides et sèches	**Peau dans la paume**	Fine et très douce
Forme de la paume	Étroite et rectangulaire	**Entrecroisement**	Index gauche sur droit
Lignes principales	Profondes	**Latéralisation**	Droitière
Lignes secondaires	Nombreuses presque profondes		

EMPREINTES DIGITALES – MAIN GAUCHE

Pouce	Index	Majeur	Annulaire	Auriculaire

Arche + Boucle	Boucle	Boucle	Boucle	Boucle

EMPREINTES DIGITALES – MAIN DROITE

Auriculaire	Annulaire	Majeur	Index	Pouce

Boucle	Boucle	Boucle	Spirale	Boucle

Analyse de la personnalité innée de Florence Pernel

Tempéraments : PENSEUR = Très fort – ORGANISATEUR = Faible

Capacité d'action

Florence Pernel trouve dans l'action et dans la sociabilité l'énergie qui manque à son dynamisme (mains froides et sèches). Elle aime agir librement, mais ressent le besoin de le faire en choisissant parmi les contraintes, ou le contexte, celles qui lui permettront de structurer son planning.

Type d'intelligence

Son intelligence mobilise à la fois le sens de l'analyse du tempérament **PENSEUR** et le pragmatisme du tempérament **ORGANISATEUR** qui recherche l'efficacité. Dans la phase de préparation de l'action, sa curiosité d'esprit et son besoin d'une vision exhaustive de la situation la poussent à une forme de dispersion de la pensée qui peut, selon les cas, l'enrichir ou l'égarer. Elle recourt alors au passage à l'action pour clarifier ses idées et recentrer son esprit sur l'objectif (spirale sur l'index droit). Ce recentrage et ce pragmatisme dans la mise en œuvre peuvent la rendre intransigeante sur le choix final des actions à mener. Pour la faire changer d'avis, mieux vaut s'y prendre dans la phase de préparation.

Style relationnel

Individualiste, sociable et bienveillante, elle agit pour le bien commun de l'équipe à condition d'agir à sa manière. Le groupe lui est nécessaire tant pour lui apporter une forme de sécurité (mains froides) que pour lui permettre de structurer ses actions par un planning commun. Cela lui permet d'alimenter en énergie son besoin de suractivité. Elle aime obtenir des autres ce qu'elle veut par l'influence. Il lui arrive cependant de faire preuve d'autorité comme en atteste une spirale sur l'index droit.

Caractéristiques particulières

- Boucles sur les pouces : sa volonté est motivée par un passage rapide à l'action.
- Spirale sur l'index droit : une spirale vaut quatre boucles. Florence Pernel gère ce qui est prévisible grâce à sa spirale et s'adapte à l'imprévu grâce à ses quatre boucles.
- Index gauche sur droit : l'intuition enrichit la puissance de son sens critique.
- L'arche sur le pouce gauche renforce le tempérament **PENSEUR**

Guy Savoy

Tout semble réussir à ce cuisinier triplement étoilé, au demeurant joyeux luron. Son établissement classé meilleur restaurant du monde à quatre reprises est basé depuis 2015 dans le majestueux édifice de la Monnaie de Paris. Parcourir la succession des six salles aux tons gris ardoise du premier étage, revues par son ami l'architecte Jean-Michel Wilmotte, au plafond peint par Fabrice Hyber, aux murs constellés d'œuvres de la collection François Pinault, s'avère un véritable plaisir esthétique. Guy Savoy aime en effet associer à celui des papilles le goût de l'art.

Un ensoleillé matin de décembre. Nous voici installés face à de hautes fenêtres à huisseries anciennes donnant sur la Seine, le Louvre et le pont Neuf. La lumière se déverse sur la nappe blanche. Le maître des lieux ne perd pas une miette du discours de Jean de Bony. À l'inverse de ce que sa carrière exemplaire pourrait laisser croire, il préfère inspirer plutôt que commander, responsabiliser son personnel plutôt que de le diriger afin de mieux jouir de son besoin insatiable de liberté. Curieux, avide de connaissances, ses questions fusent. Les mots d'esprit aussi. L'entente est plus que cordiale.

Carine, sa secrétaire depuis vingt ans, attablée en notre gent compagnie, sourit quand elle reconnaît son sympathique chef dans le descriptif érigé à partir de la prise d'empreintes de ses mains. Sa boisson du matin, posée à côté de lui (trois cuillères à soupe de poudre de guarana et un jus de citron dilués dans un litre et demi d'eau minérale), Guy Savoy téléphone en direct à Sonia Mabrouk, sa compagne, pour lui exprimer notre désir de la voir aussi figurer parmi les personnalités expérimentant notre méthode à apparaître dans notre livre. Quelle gentillesse !

Simple, direct, travailleur aussi acharné que sa belle, le maître des lieux nous quitte à 11 heures précises, comme convenu. Ce fut une heureuse parenthèse dans ce monde de brutes ! À la sortie, nous déambulons un instant dans la cour de l'hôtel de la Monnaie Jean et moi avant de rejoindre le flot de la circulation parisienne.

EMPREINTE DE LA MAIN GAUCHE

Échelle : 65 %

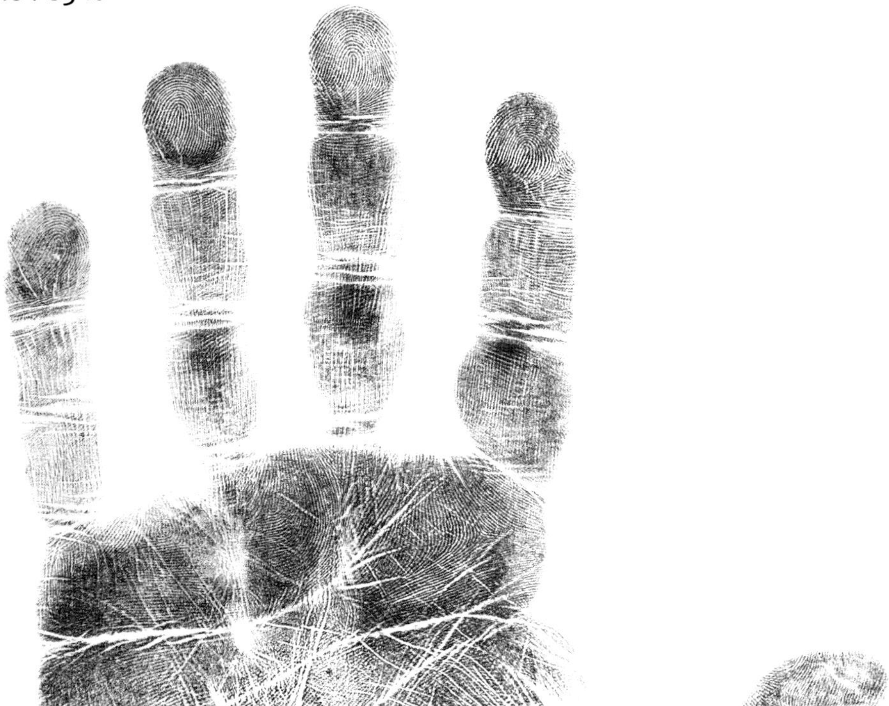

EMPREINTE DE LA MAIN DROITE

Échelle : 65 %

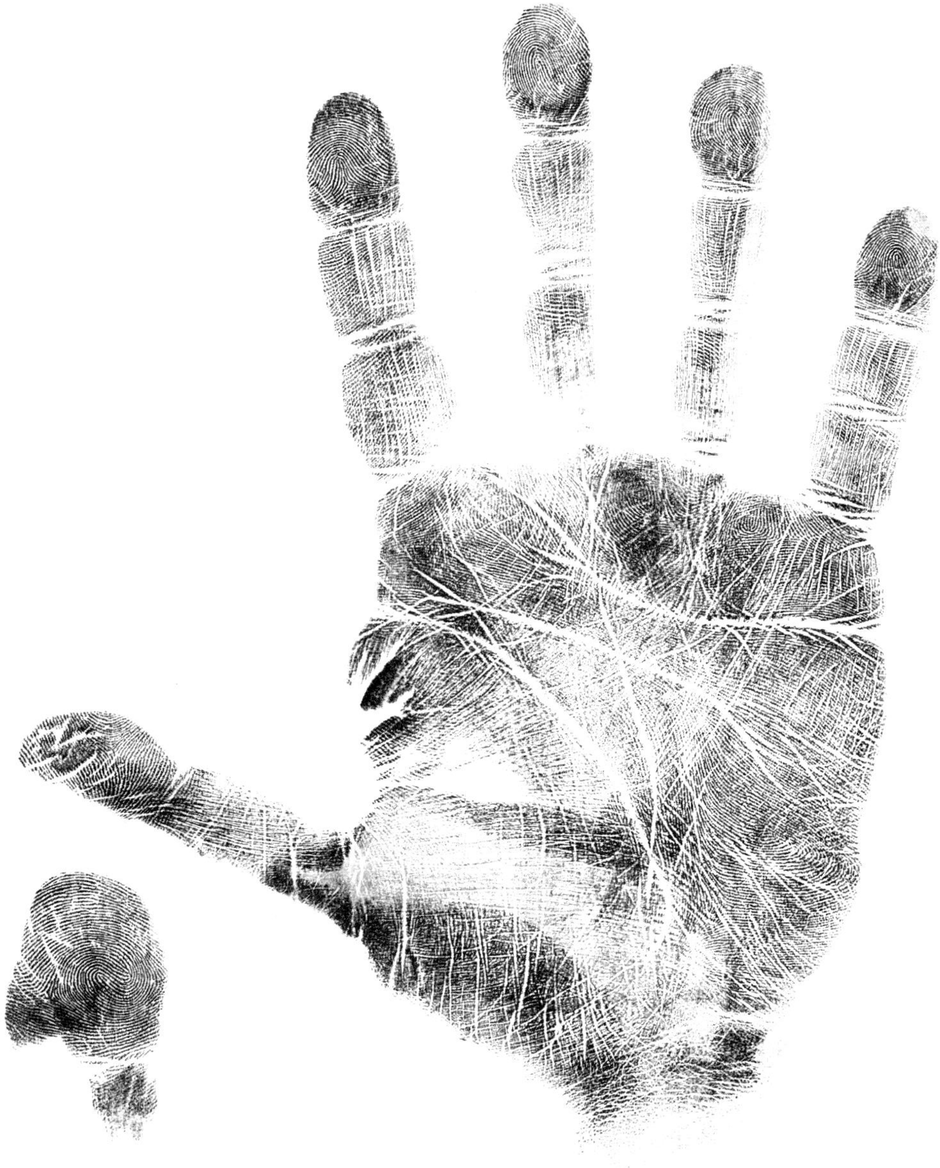

Caractéristiques des mains de Guy Savoy

Chaleur moiteur	Mains chaudes et sèches	**Peau dans la paume**	Douce
Forme de la paume	Large et presque carrée	**Entrecroisement**	Index gauche sur droit
Lignes principales	Profondes	**Latéralisation**	Droitier
Lignes secondaires	Très fines, très nombreuses		

EMPREINTES DIGITALES – MAIN GAUCHE

Pouce	Index	Majeur	Annulaire	Auriculaire

Boucle	Boucle	Boucle	Boucle	Boucle

EMPREINTES DIGITALES – MAIN DROITE

Auriculaire	Annulaire	Majeur	Index	Pouce

Boucle	Boucle	Boucle	Arche + Boucle inversée	Double boucle

Analyse de la personnalité innée de Guy Savoy

Tempéraments : **PENSEUR**, **DÉVELOPPEUR**, **ORGANISATEUR** = **forts et à égalité**

Capacité d'action

Guy Savoy possède à la fois l'énergie et le dynamisme (mains chaudes et sèches), les deux piliers de son aptitude à ne pas dépendre des autres. Cependant, comme il ne veut pas se laisser enfermer dans la rigidité de l'autonomie (absence de spirales), il privilégie l'indépendance en s'adaptant à l'imprévu (mains souples).

Type d'intelligence

Sa priorité intellectuelle est la recherche de la cohérence et de la pertinence (lignes nombreuses et fines). Son sens critique lui donne l'aptitude à conseiller les autres dans des domaines qu'il ignore pourtant (arche sur l'index droit). Il combine analyse des détails et vision globale intuitive, lève le doute par l'action (entrecroisement index gauche sur droit).

Style relationnel

Il trouve du plaisir dans les relations humaines (tempérament **DÉVELOPPEUR**) et dans l'espièglerie. Il s'avère néanmoins sélectif, fidèle et distant en amitié (tempérament **PENSEUR**). Il possède la solidité suffisante pour porter une équipe (paume large du tempérament **ORGANISATEUR**). Cependant, par amour de la liberté (arche), il n'est pas intéressé par la prise de pouvoir sur les autres. Son management se révèle maïeutique, car sa tendance naturelle le pousse à autonomiser ceux qu'il dirige en expliquant les finalités des objectifs. Cela facilite, de son point de vue, la prise d'initiative dans l'équipe et il peut ainsi favoriser la montée en compétences de chacun.

Caractéristiques particulières

- Boucle sur le pouce gauche, double boucle sur le pouce droit : sa volonté est motivée par un passage rapide à l'action et la perspective de l'amélioration continue.
- Arche et boucle inversée sur l'index droit : l'adaptation conditionnelle et stratégique doit se faire avec la certitude de pouvoir conserver sa liberté et sa différence.
- Arche : renforce le tempérament **PENSEUR**.
- Boucle dans l'espace interdigital annulaire-auriculaire : tendance à l'autodérision.
- Boucle sur le bord interne de la paume : la mémoire émotionnelle alimente la créativité.

Sonia Mabrouk

Neuf heures, un ensoleillé matin de janvier. Installés confortablement dans un salon privé du restaurant de Guy Savoy, nous attendons sa compagne. Elle surgit parfaitement à l'heure, grande, élégante, la chevelure ondoyante, toute de noir vêtue. Un sourire illumine son visage. D'emblée, la conversation démarre avec l'active journaliste. Fluide. Alerte. Comme elle. Son intelligence, sa curiosité, son écoute existent dans la vie comme sur les ondes.

Le dialogue s'instaure avec une facilité déconcertante. Elle pose là aussi les bonnes questions avec sa tempérance et sa diplomatie habituelles qui empêchent les conflits frontaux lorsqu'elle reçoit dans son émission une ou un politique en opposition avec sa propre vision du monde. Présente aux heures de grande écoute sur Europe 1, gageons que la brillante quadragénaire ira encore plus loin.

Depuis 2018, cette polyglotte très cultivée forme avec le chef triplement étoilé un couple de choc. Elle se lève aux aurores, lui se couche tard. Leurs moments ensemble sont donc rares, intensifiés par leur différence d'âge. Une accumulation de défis que le duo relève uni par une singularité détectée avec intérêt par Jean de Bony. Sonia nous quitte trop vite à mon goût pour un autre rendez-vous de son agenda chargé.

Le maître des lieux nous rejoint par courtoisie bien sûr, mais aussi afin de connaître les réactions de son aimée face à la découverte de son tempérament. Guy Savoy s'attarde et la conversation se poursuit pour aborder d'autres thèmes. En particulier son besoin de solitude et d'espaces protégés. Ainsi a-t-il acquis dans le canton de Vaud une maison ancienne, sans électricité, à sept kilomètres de tout.

Sonia est partie. Sa présence demeure. Il me tarde de la revoir pour parler avec elle littérature, car la belle dame dévore avec appétence plusieurs livres par semaine.

EMPREINTE DE LA MAIN GAUCHE

Échelle : 70 %

14 Janvier 2022

SONIA MABROUK

EMPREINTE DE LA MAIN DROITE

Échelle : 70 %

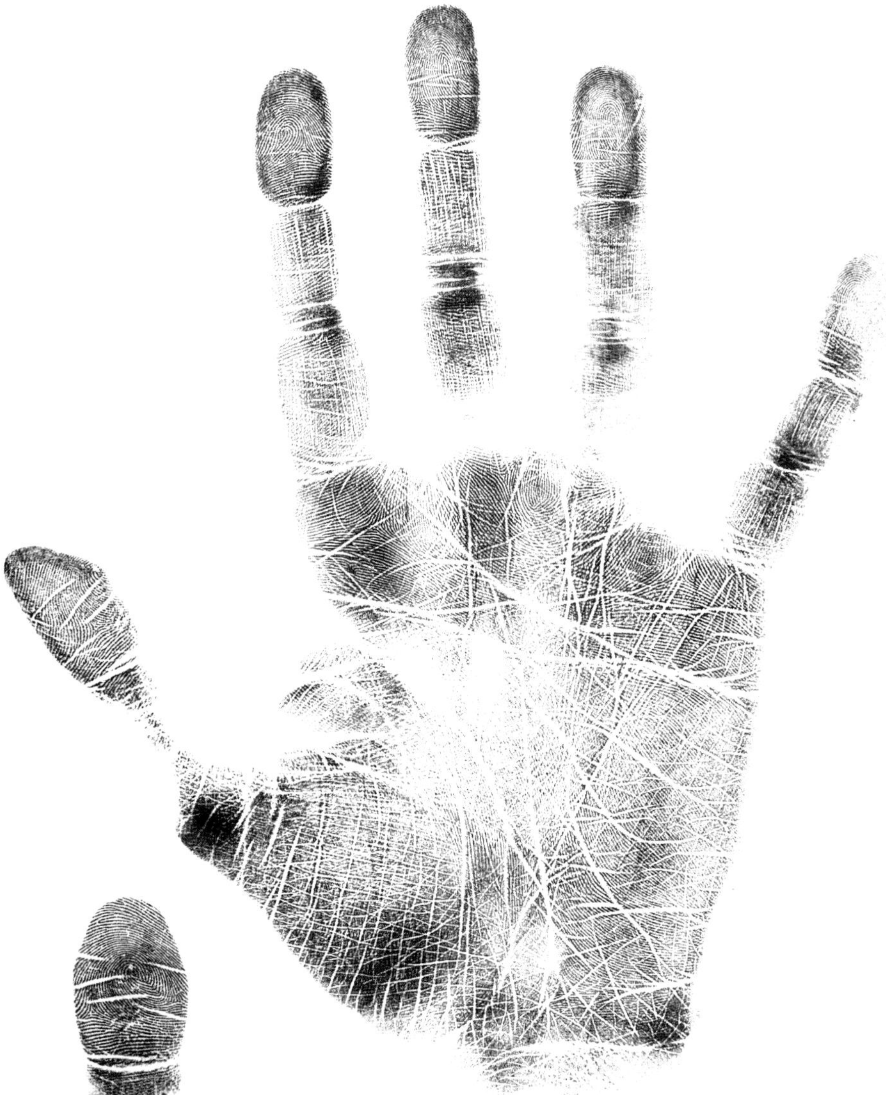

Caractéristiques des mains de Sonia Mabrouk

Chaleur moiteur	Mains froides et sèches	**Peau dans la paume**	Fine, douce, souple
Forme de la paume	Étroite et presque rectangle	**Entrecroisement**	Index gauche sur droit
Lignes principales	Moyennement profondes	**Latéralisation**	Droitière
Lignes secondaires	Nombreuses presque profondes		

EMPREINTES DIGITALES – MAIN GAUCHE

Pouce	Index	Majeur	Annulaire	Auriculaire

Spirale	Boucle	Boucle	Boucle	Boucle

EMPREINTES DIGITALES – MAIN DROITE

Auriculaire	Annulaire	Majeur	Index	Pouce

Boucle	Boucle	Boucle	Arche + Boucle inversée	Spirale + Double boucle

Analyse de la personnalité innée de Sonia Mabrouk

Tempéraments : **PENSEUR = Très fort – ORGANISATEUR = Moyen**

Énergie et dynamisme

Sonia Mabrouk trouve son énergie dans l'action (mains froides et sèches) et dans la synergie avec les personnes aux mains chaudes possédant de l'énergie à donner. Son envie d'autonomie (trois spirales) s'avère plus forte que sa capacité à l'être. Cela ne revêt guère d'importance, car à la liberté d'action elle préfère celle de l'esprit. Or personne ne peut la lui ravir !

Style intellectuel

Très à l'aise dans l'analyse exhaustive (lignes nombreuses presque fines) d'une situation, elle trouve facilement la cause des problèmes (une arche) avec sa recherche de la cohérence et de la suite dans les idées. Sonia accepte seulement de synthétiser (trois spirales) ce qu'elle a analysé. Il lui est essentiel de comprendre le monde et les systèmes où elle se trouve. Son sens critique lui octroie l'aptitude à conseiller les autres sur des domaines qui lui sont étrangers. Son intuition enrichit sa réflexion (index gauche sur droit).

Style relationnel

Pour s'épanouir, il lui faut alterner des moments de sociabilité dynamique pour s'énergiser, avec des moments de solitude nécessaire à un besoin d'introspection exigé par son tempérament premier **PENSEUR**. Individualiste, sociable, elle agit pour le bien commun, à condition de ne pas se voir contrainte à faire comme tout le monde. Difficile à apprivoiser, elle se montre d'une grande fidélité. La distance augmente l'admiration qu'elle doit nécessairement porter à ses amis. Et à son aimé !

Caractéristiques particulières

- Double boucle sur le pouce droit : la nécessité de la perfection se mue en passion de la perfection dans la concrétisation.
- Boucle inversée sur l'index droit : l'adaptation s'avère conditionnelle et stratégique.
- Arche sur l'index droit : plaisir de la rareté et de la différence. Nécessité de donner du sens à ses actions. Renforce la primauté du tempérament **PENSEUR**.
- Deux spirales : renforce la détermination du tempérament **ORGANISATEUR**.

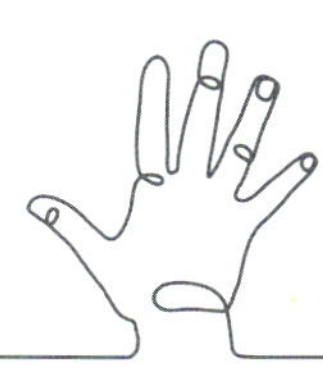

Caractéristiques des mains de Sonia Mabrouk et de Guy Savoy

	Sonia MABROUK	Guy SAVOY
Chaleur-moiteur	Mains froides et sèches	Mains chaudes et sèches
Peau dans la paume	Fine, douce, souple	Douce
Forme de la paume	Étroite et presque rectangle	Large et presque carrée
Lignes principales	Moyennement profondes	Profondes
Lignes secondaires	Nombreuses, moyennement profondes	Très nombreuses et très fines
Entrecroisement	Index gauche sur droit	

Comparatif des empreintes digitales de Sonia Mabrouk et de Guy Savoy

Mains gauches			Mains droites	
Sonia MABROUK	**Guy SAVOY**		**Sonia MABROUK**	**Guy SAVOY**
Spirale	**Boucle**	Pouce	**Spirale + Double boucle**	**Double boucle**
Boucle	**Boucle**	Index	**Arche + Boucle inversée**	**Arche + Boucle inversée**
Boucle	**Boucle**	Majeur	**Boucle**	**Boucle**
Boucle	**Boucle**	Annulaire	**Boucle**	**Boucle**
Boucle	**Boucle**	Auriculaire	**Boucle**	**Boucle**

Analyses comparées de Sonia Mabrouk et Guy Savoy

	Sonia MABROUK	Guy SAVOY
ORGANISATEUR	Faible	Fort
PENSEUR	Très fort	Fort
DÉVELOPPEUR	Très faible	Fort
CONTINUATEUR	Très faible	Très faible

Plus un tempérament s'avère dominant, très fort, plus les trois autres sont, en contrecoup, faibles ou très faibles. Ce cas rare est celui de Sonia Mabrouk. Son tempérament **PENSEUR** domine très largement les trois autres.

Lorsque deux ou trois tempéraments se montrent à égalité de puissance, aucun d'eux ne peut être très fort. Ils sont au maximum de niveau fort ou moyen. Guy Savoy illustre ce deuxième cas. Ses trois tempéraments, **PENSEUR**, **ORGANISATEUR** et **DÉVELOPPEUR** s'affichent quasiment à égalité.

Les couples harmonieux se distinguent souvent par deux caractéristiques presque opposées : des personnalités assez différents pour se compléter et des points communs pour se retrouver. Le couple formé par Sonia Mabrouk et Guy Savoy se révèle emblématique à cet égard : le **PENSEUR** commun aux deux est complété par l'**ORGANISATEUR** et le **DÉVELOPPEUR** de Guy Savoy.

Le tempérament **PENSEUR** de Sonia Mabrouk accède grâce à la tendance protectrice de l'**ORGANISATEUR** de Guy Savoy à une sérénité apportée au sentiment de sécurité qu'il lui procure. Malgré leur différence d'âge, la jeunesse d'esprit et le côté taquin du passionné de Guy charment Sonia. Le tempérament **PENSEUR** leur donne l'amour de la liberté, la nécessité de la singularité et le besoin d'admirer l'autre.

Particularités

- Sonia Mabrouk et Guy Savoy possèdent en commun sur l'index droit, une arche, type d'empreinte le plus rare, car présente seulement dans 5 % de la population mondiale. Cette rareté se voit encore augmentée par la combinaison de cette empreinte avec pour chacun une boucle inversée.
- Autre ressemblance : une double boucle sur le pouce droit atteste de leur passion commune pour la perfection.
- L'absence de spirales chez Guy Savoy confirme que, malgré son tempérament **ORGANISATEUR**, il ne souhaite pas prendre le pouvoir sur elle, même s'il s'en montre capable.
- Les deux spirales de Sonia attestent de l'exigence attendue des autres, en leur fiabilité et particulièrement celle de son aimé.

Bernard Werber

L'auteur de *La Trilogie des fourmis* termine tranquillement de déguster un thé, devenu tiède, assis seul près d'une fenêtre dans le restaurant *Brasserie Urbaine* donnant sur la piscine Molitor. Quand je me glisse sur la chaise devant lui, son regard semble immergé d'un autre monde. Un ami commun à la douceur semblable à la sienne, Laurent Gounelle, nous a gentiment mis en relation.

« Rappelez-moi la raison de notre rencontre ? » interroge Bernard Werber en souriant. Je m'égare dans un discours trop long quand Jean de Bony me rejoint et synthétise sa méthode. Comme notre interlocuteur dispose de peu de temps, le questionnaire suivi de la prise d'empreintes s'effectue à grande vitesse. L'homme dont les œuvres ont été traduites en trente-cinq langues et vendues à plus de trente millions d'exemplaires dans le monde s'extrait du sien pour se prêter volontiers à cette expérience nouvelle.

Curieux, avide de connaissance et de voyages intérieurs, il écoute avec attention, pose de justes questions. S'intéresse. Commenter ses empreintes digitales le ramène sans doute à ses études en criminologie effectuées à Toulouse et qui lui ont permis de travailler pendant une dizaine d'années comme journaliste scientifique, en particulier au *Nouvel Observateur* (rebaptisé *L'Obs* en 2014).

Chez les Werber le goût pour la littérature, la magie, le spiritisme et les histoires hautes en symboles se transmet de père en fils. Bernard, quoique poli et fort civil, a une hâte : terminer notre entretien afin de téléphoner à un nouveau concurrent en librairie, Jonathan, son propre fils de 26 ans dont le premier roman *Là où les esprits ne dorment jamais* est sorti en 2020. Alors forcément ces deux-là ont des confidences à se faire, beaucoup à se dire... Il faudra qu'un jour Jean de Bony étudie aussi ses mains afin de les corréler ! Leur ressemblance physique patente serait sans doute corroborée par des tempéraments similaires. À suivre...

EMPREINTE DE LA MAIN GAUCHE

Échelle : 60 %

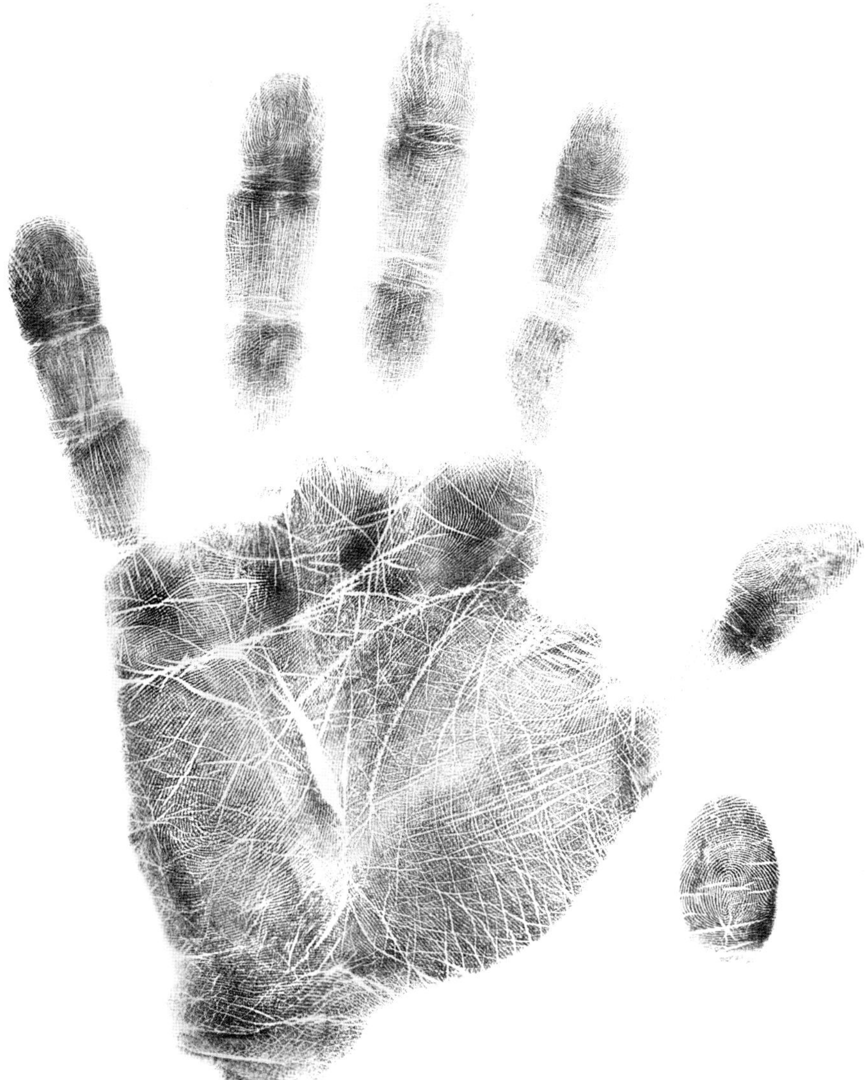

le 20 Dec 2021

EMPREINTE DE LA MAIN DROITE

Échelle : 60 %

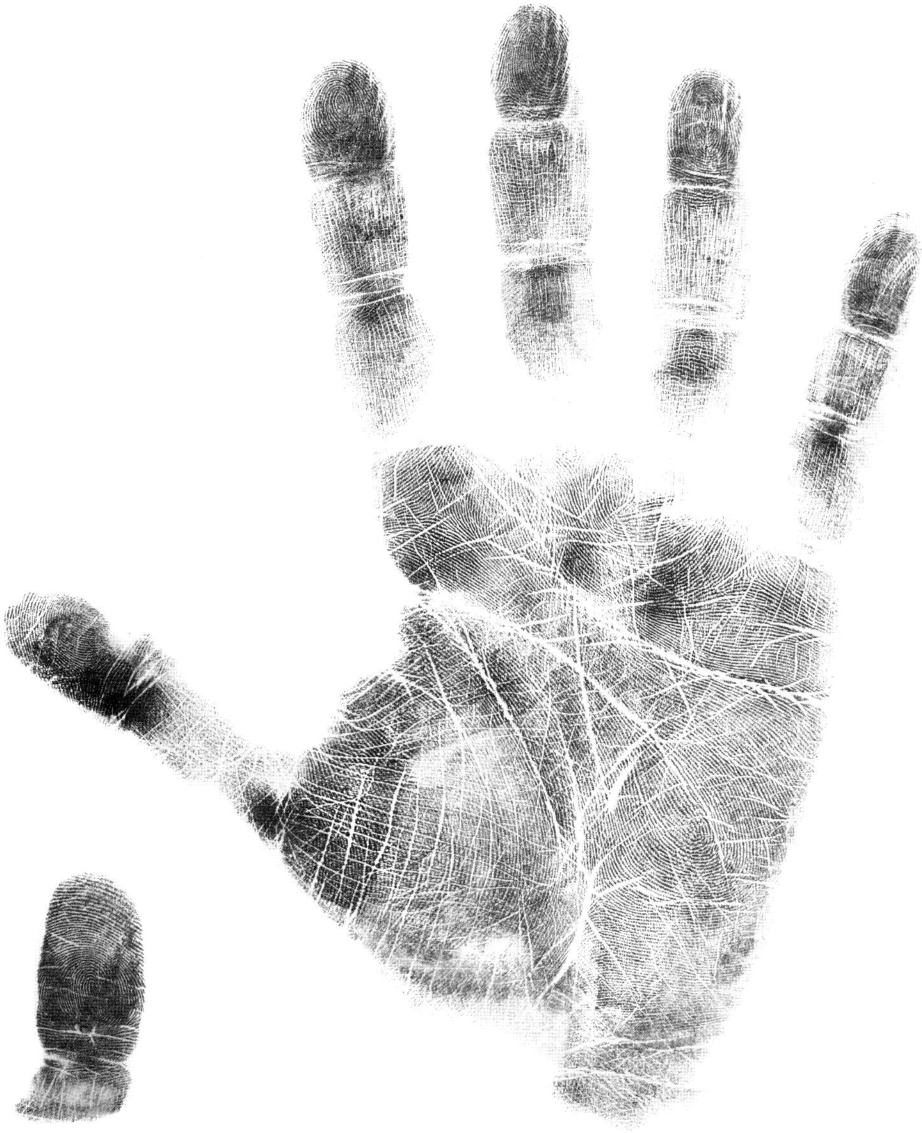

Caractéristiques des mains de Bernard Werber

Chaleur moiteur	Mains froides et sèches	**Peau dans la paume**	Épaisse et très douce
Forme de la paume	Étroite et carrée	**Entrecroisement**	Index gauche et index droit
Lignes principales	Profondes	**Latéralisation**	Droitier
Lignes secondaires	Nombreuses, moyennement profondes		

EMPREINTES DIGITALES – MAIN GAUCHE

Pouce	Index	Majeur	Annulaire	Auriculaire

Ellipse + Double boucle	Spirale + Double boucle	Boucle	Spirale	Boucle

EMPREINTES DIGITALES – MAIN DROITE

Auriculaire	Annulaire	Majeur	Index	Pouce

Boucle	Spirale	Boucle	Spirale	Ellipse + Double boucle

Analyse de la personnalité innée de Bernard Werber

Tempéraments : **ORGANISATEUR, PENSEUR = forts**
– DÉVELOPPEUR = Moyen

Capacité d'action

Bernard Werber, dynamique par manque d'énergie, a besoin d'être actif pour être en forme (mains froides et sèches). L'inaction ne le repose en aucun cas. Il gère parfaitement le prévisible, mais peut s'adapter positivement à l'imprévu (spirales et boucles). Cependant, il garde en lui un besoin de vivre dans un monde sécurisant, en se reposant sur des personnes fiables (ellipses).

Type d'intelligence

Son intelligence s'avère motivée par la perfection, tant par idéal que par amour-propre. Cela fait de lui à la fois un perfectionniste utopique (double boucle sur les pouces) et un perfectionniste pragmatique (spirales sur les index et l'annulaire). Il possède trois tempéraments aux scores assez proches : le **PENSEUR** aime concevoir, le **DÉVELOPPEUR** apprécie de créer les projets et l'**ORGANISATEUR** vit la concrétisation comme une nécessité.

Style relationnel

Dans un groupe il recherche le consensus ou bien s'en va, évitant ainsi des frictions (peau douce). Faisant l'éloge de la fuite, il la considère comme une attitude constructive. Il apprécie donc la sociabilité choisie, comme celle des cafés qu'il a élus lieu de travail ou d'observation.

Sur le plan amical et professionnel, il privilégie l'harmonie et la douceur. Rien ne l'insupporte plus que de devoir s'imposer par l'autorité (tempérament **PENSEUR**). Influencer et faire réfléchir lui semble plus favorable à son épanouissement.

Caractéristiques particulières

- Double boucle dans une ellipse sur les pouces : l'attrait de la perfection dans la préparation se mue en passion du perfectionnement dans la concrétisation, rassuré par la perspective de la pérennité d'une organisation bien rodée.
- Boucle sur le bord interne de la paume : la mémoire émotionnelle alimente la créativité.

PARTIE 7

UNE MÉTHODE DIFFÉRENTE DE LA CHIROMANCIE

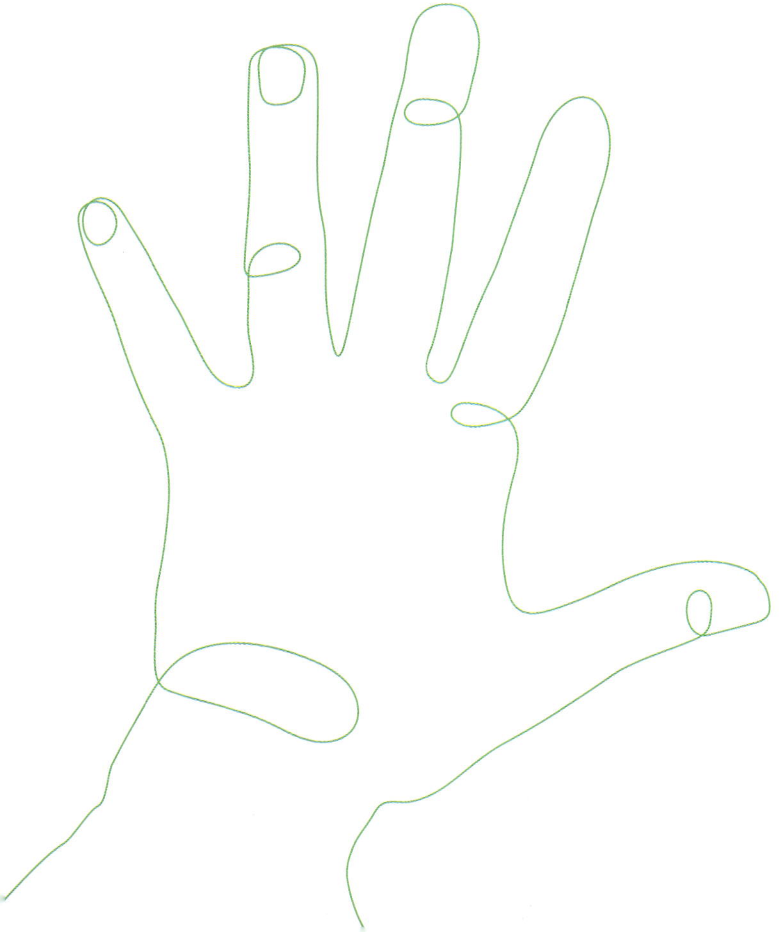

Manutypologie® *versus* chiromancie

Des différences essentielles existent entre ces deux approches. Notre expertise constitue une discipline à l'inverse de la chiromancie. La première est une science humaine d'observation, la seconde un art divinatoire. L'une s'apprend, l'autre nécessite un don. Leur seul point commun : les mains.

Le suffixe « mancie » qualifie une pratique nécessitant un don de voyance. Le préfixe « chiro » issu du grec ancien *kheír*, signifie que cela concerne la main d'où les termes de chirurgie et chiropraxie par exemple. La chiromancie associe la main à la voyance comme la cartomancie relie les cartes à la divination. Elle ne peut se voir considérer comme une science car ses résultats reposent sur un don non sur une méthodologie précise et efficace fondée sur des statistiques comme la nôtre.

La Manutypologie®, science humaine d'observation

Nous avons élaboré cette méthode à partir de constats statistiques sur près de trente mille paires de mains. Les résultats observés nous ont permis de construire une méthode concrète que nous avons nommée dans notre premier livre Chirologie (main + science). Le suffixe « logie » vient d'un terme grec désignant depuis Platon et Aristote le discours écrit et, par extension, la rationalité. Il qualifie des approches fondées sur une discipline rigoureuse, dont la nôtre, à l'instar de la géologie, de l'hydrologie, l'épidémiologie ou même encore de la psychologie. Notre savoir-faire s'inscrit dans cette même logique et peut être considérée comme une science, car elle correspond aux exigences d'une discipline scientifique : rationnelle, reproductible, transmissible, aux résultats ne variant pas selon les différentes personnes qui la mettent en œuvre. Elle appartient à une catégorie particulière des approches scientifiques : les sciences humaines dites aussi « sciences molles ». Cet adjectif indique des résultats qualitatifs. À l'inverse de ceux, quantitatifs, des sciences dites « dures », mathématiques, physique, chimie.

Dans les ouvrages suivants, afin d'éviter la confusion fréquente avec la chiromancie, nous avons utilisé le terme « biotypologie », définie dans le dictionnaire comme une « science qui tente d'établir une classification des types humains d'après des caractéristiques physiques ».

Ce terme s'avérant trop générique nous utilisons dorénavant celui de « Manutypologie », un néologisme que nous avons déposé. Il signifie tout simplement : « études des types de mains ».

DIFFÉRENCES ESSENTIELLES ENTRE LA MANUTYPOLOGIE® ET LA CHIROMANCIE

	La Manutypologie®	La chiromancie
L'approche	« Logie » = Approche scientifique	« Mancie » = art divinatoire
Le moyen employé	Analyse logique des caractéristiques génétiques des mains. Nécessite un savoir construit.	Observation des lignes et signes dans la paume des mains. Nécessite un don de voyance.
Les résultats obtenus	Personnalité innée Aptitudes naturelles Domaines d'épanouissement	Événements passés Événements futurs
La finalité	Cerner nos aptitudes naturelles et comprendre avec quels moyens innés construire notre avenir en accord avec notre nature.	Deviner l'avenir et la prédestination qui le conditionne. Se conforter dans l'idée que nous ne pouvons lutter contre notre destin.

À RETENIR SUR LA CHIROMANCIE

- Art divinatoire exercé par des personnes possédant un don de voyance.
- Objectif : révéler des événements du futur en laissant croire que ces informations proviennent des signes et lignes des mains.

À RETENIR SUR LA MANUTYPOLOGIE®

- Science humaine d'observation, élaborée à partir de constats statistiques sur les caractéristiques génétiques des mains et fondée sur la typologie biologique des quatre tempéraments d'Hippocrate.
- But : identifier la part innée de la personnalité, les aptitudes naturelles et les conditions d'épanouissement qui en découlent.

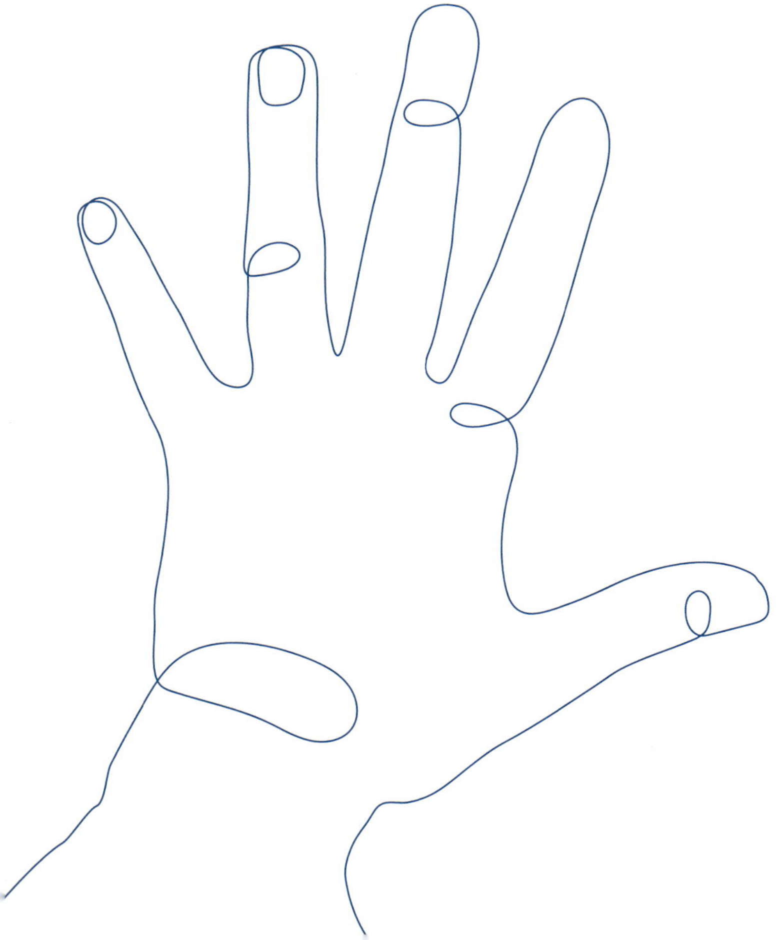

Conclusion

Si vous devez retenir quelques points forts, les voici :

Les mains parfaites n'existent pas !

Les bons ou les mauvais tempéraments non plus ! Seules existent des situations particulières permettant aux aptitudes naturelles de donner leur meilleur. Avec ce guide pratique vous savez maintenant discerner les unes et les autres, afin de vous épanouir en respectant votre personnalité.

Plus la vie vous donne, plus elle vous demande !

Chacun démarre son existence avec un potentiel naturel : pour certains la force de la volonté, pour d'autres l'adaptabilité ou la capacité à rester efficace dans la routine. La vie nous propose des défis à la hauteur des aspirations de notre tempérament et des aptitudes reçues à la naissance. La Manutypologie® vous permet d'en prendre conscience.

Plus votre âge augmente, moins votre expérience compte !

Le poids de l'inné est faible à la naissance et croît en prenant de l'âge. Cela laisse toute la place à l'acquis au début de votre vie pour vous permettre de progresser rapidement par l'apprentissage. Une fois devenu adulte l'inné prend graduellement le dessus sur l'acquis. Ainsi à 20 ans vous êtes le fruit de votre éducation et de votre culture, à 50 celui de votre nature. Pour être enfin à votre juste place, il devient essentiel d'en respecter les aspirations et exigences instinctives, sinon un mal-être peut s'installer.

Se connaître c'est bien, se comprendre c'est mieux !

Se connaître représente certes un bon début mais se vérifie largement insuffisant pour accéder à la compréhension de vous-même et à la maîtrise de votre existence. La Manutypologie® donne accès à une plus juste vision de soi, donc au mode d'emploi de votre personnalité pour piloter votre évolution et rester en accord avec vos aspirations innées.

Comprendre ce que vous ne pouvez pas changer dans votre personnalité !

Selon un précepte attribué à Marc Aurèle : « L'être humain accompli est celui qui a la force et le courage de changer ce qu'il peut changer, la sérénité d'accepter ce qu'il ne peut changer, la sagesse de faire la différence entre les deux. » Avec la Manutypologie®, vous accédez à la lucidité sur ce que vous pouvez faire évoluer : votre caractère, sur ce que vous ne pourrez en aucun cas modifier : votre tempérament. Vous comprenez enfin comment la conscience cherche à harmoniser les habitudes du premier et les prédispositions de comportement du second.

La Manutypologie® s'apprend

Son statut de méthode fondée sur une approche logique assure sa transmissibilité. Nous programmons des formations en vue de former la relève. Vous pouvez nous signaler votre motivation d'y participer en remplissant un questionnaire. Il vous suffit d'envoyer votre demande à Jeandebony@gmail.com, vous recevrez alors le lien du formulaire en ligne. Si vous préférez, vous pouvez scanner avec l'appareil photo de votre smartphone, ce code QR.

Nous programmons des formations afin de former la relève. Vous pouvez nous signaler votre motivation d'y participer en remplissant un questionnaire. Il vous suffit de scanner code QR.

Répondez à notre étude statistique sur l'entrecroisement de doigts : accédez directement au questionnaire à l'aide de ce QR Code ou envoyez un e-mail pour obtenir le lien Internet à jeandebony@gmail.com.

Pour contribuer à nos recherches, vous pouvez photographier ou scanner vos empreintes palmaires et les adresser par e-mail à jeandebony@gmail.com ou prendre contact avec nous *via* ce QR Code.

CARACTÉRISTIQUES DE VOS MAINS

Caractéristiques de mes mains

Chaleur moiteur		**Peau dans la paume**	
Forme de la paume		**Entrecroisement**	
Lignes principales		**Latéralisation**	
Lignes secondaires			

EMPREINTES DIGITALES – MAIN GAUCHE

Pouce	Index	Majeur	Annulaire	Auriculaire

EMPREINTES DIGITALES – MAIN DROITE

Auriculaire	Annulaire	Majeur	Index	Pouce

Caractéristiques des mains de ....

Chaleur moiteur		**Peau dans la paume**	
Forme de la paume		**Entrecroisement**	
Lignes principales		**Latéralisation**	
Lignes secondaires			

EMPREINTES DIGITALES – MAIN GAUCHE

Pouce	Index	Majeur	Annulaire	Auriculaire

EMPREINTES DIGITALES – MAIN DROITE

Auriculaire	Annulaire	Majeur	Index	Pouce

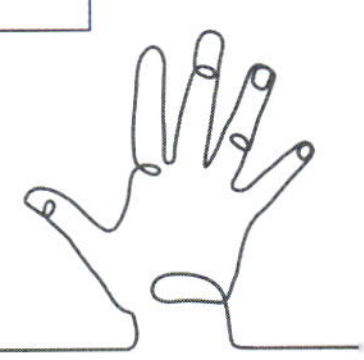

Caractéristiques des mains de ....

Chaleur moiteur		**Peau dans la paume**	
Forme de la paume		**Entrecroisement**	
Lignes principales		**Latéralisation**	
Lignes secondaires			

EMPREINTES DIGITALES – MAIN GAUCHE

Pouce	Index	Majeur	Annulaire	Auriculaire

EMPREINTES DIGITALES – MAIN DROITE

Auriculaire	Annulaire	Majeur	Index	Pouce

Caractéristiques des mains de ....

Chaleur moiteur		**Peau dans la paume**	
Forme de la paume		**Entrecroisement**	
Lignes principales		**Latéralisation**	
Lignes secondaires			

EMPREINTES DIGITALES – MAIN GAUCHE

Pouce	Index	Majeur	Annulaire	Auriculaire

EMPREINTES DIGITALES – MAIN DROITE

Auriculaire	Annulaire	Majeur	Index	Pouce

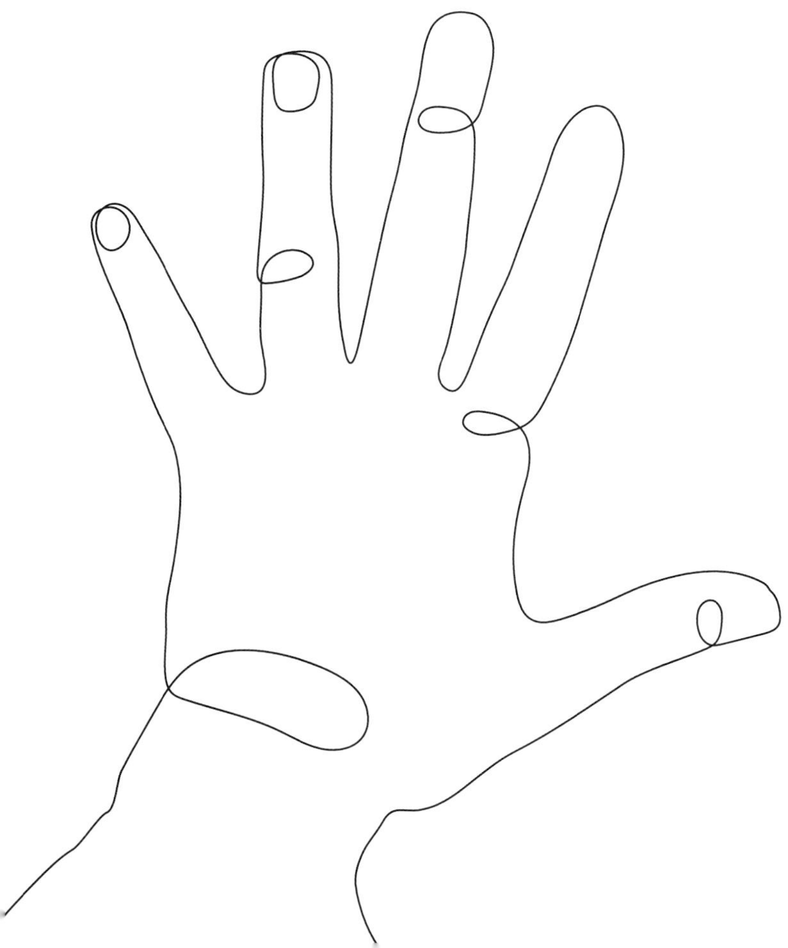

Bibliographie

Génétique

– Charvet (Jean-Pierre), « L'inégalité de longueur entre l'index et l'annulaire a-t-elle un caractère sexuel ? », *Biométrie humaine et anthropologie*, Société internationale de biométrie humaine, Paris, 2006, vol. 24 (1-2), p. 95-104.

– Manning (John T.), *Digit Ratio, a Pointer to Fertility, Behaviour and Health*, Rutgers University Press, New Jersey, 2002.

– Jacquard (Albert), *Éloge de la différence*, Le Seuil, coll. « Points », Paris, 1981.

– Kahn (Axel), *L'Homme, ce roseau pensant...*, Pocket, Paris, 2008.

Psychologie et éducation

– Alavarez (Céline), *Les Lois naturelles de l'enfant*, Les Éditions des Arènes, Paris, 2016.

– Salomé (Jacques), *Le Courage d'être soi*, Pocket, Paris, 2001.

– Zazzo (René) et tournier (Michel), *Le Paradoxe des jumeaux*, Stock, coll. « Laurence Pernoud », Paris, 1984.

Dualité homme-femme

– Gray (John), *Les hommes viennent de Mars, les femmes viennent de Vénus*, J'ai lu, Paris, 2014.

– Vincent (Jean-Didier), *Biologie des passions*, Odile Jacob, Paris, 1999.

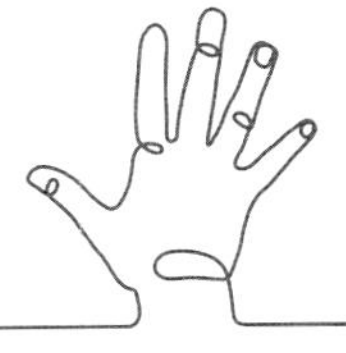

Épanouissement

– Cairou (Guillaume), *Changer de job, changer de vie*, Le Cherche Midi, Paris, 2020.

– Calestrémé (Natacha), *Trouver ma place*, Albin Michel, Paris, 2021.

– Cyrulnik (Boris) et Morin (Edgar), *Dialogue sur la nature humaine*, Éditions de L'Aube, Paris, 2019.

Préférences cérébrales :

– Hermann (Ned), *Les Dominances cérébrales et la créativité*, Retz, Paris, 1992.

– Israël (Lucien), *Cerveau droit, cerveau gauche*, Plon, Paris, 1995.

– Laborit (Henri), *Éloge de la fuite*, Gallimard, coll. « Folio », Paris.

– Maclean (Paul D.), *Les Trois Cerveaux de l'homme*, Robert Laffont, Paris, 1990.

Interprétation psychologique des caractéristiques de la main :

– Blin (Clément), *Votre main : principes de chirométrie*, Éditions Le Rocher, Monaco, 1980.

– Wolff (Charlotte), *La Main humaine*, Presses universitaires de France, Paris, 1952.

Illustration des méfaits de la chiromancie :

– Wilde (Oscar), *Le Crime de Lord Arthur Savile*, Gallimard, coll. « Folio », Paris, 1975.